Rumana Farooq Mir
Varsha A. Singh
Shinu Pottathil

Ensaio de nitrato redutase - Para deteção de tuberculose MDR

ScienciaScripts

Imprint
Any brand names and product names mentioned in this book are subject to trademark, brand or patent protection and are trademarks or registered trademarks of their respective holders. The use of brand names, product names, common names, trade names, product descriptions etc. even without a particular marking in this work is in no way to be construed to mean that such names may be regarded as unrestricted in respect of trademark and brand protection legislation and could thus be used by anyone.

Cover image: www.ingimage.com

This book is a translation from the original published under ISBN 978-3-659-86610-4.

Publisher:
Sciencia Scripts
is a trademark of
Dodo Books Indian Ocean Ltd. and OmniScriptum S.R.L publishing group

120 High Road, East Finchley, London, N2 9ED, United Kingdom
Str. Armeneasca 28/1, office 1, Chisinau MD-2012, Republic of Moldova, Europe
Managing Directors: Ieva Konstantinova, Victoria Ursu
info@omniscriptum.com

Printed at: see last page
ISBN: 978-620-8-55291-6

ÍNDICE DE CONTEÚDOS

DEDICADO À LUZ DA MINHA VIDA

O MEU FILHO

SHEIKH HAMZAH

RECONHECIMENTO

Todos os dias, lembro-me de que a minha vida interior e exterior se baseia no trabalho de outros homens, vivos e mortos, e que devo esforçar-me para dar na mesma medida em que recebi e continuo a receber **ALBERT EINSTEIN.**

Em primeiro lugar e acima de tudo, louvo Alá, o Todo-Poderoso, por me ter dado esta oportunidade e por me ter concedido a capacidade de prosseguir com êxito este trabalho. Foi com a Sua graça e vontade que este estudo foi concluído, tornando-o numa experiência enriquecedora que será sempre recordada. Peço-Lhe que continue a derramar as suas bênçãos para o resto da minha vida.

Foi uma longa viagem e a conclusão deste trabalho é, sem dúvida, um ponto alto na minha carreira académica. Não poderia ter chegado até aqui sem a ajuda de muitas pessoas e quero expressar-lhes o meu mais profundo agradecimento.

Um bom professor pode inspirar esperança, acender a imaginação e incutir o amor pela aprendizagem. Com grande reverência, estendo os meus mais sinceros agradecimentos à Professora, Estimada Chefe de Departamento e minha Supervisora, **Dra. Varsha.A.Singh**, Departamento de Microbiologia do M.M College of Medical Sciences and Research Mullana (Ambala) Haryana, Índia, pelo seu constante apoio moral e motivações que me ajudaram em todas as fases desta tarefa. O seu dom para a concetualização, o seu encorajamento permanente e os seus conselhos práticos foram uma fonte inestimável de apoio para mim durante este processo. Sem a sua crença em mim, não poderia ter desenvolvido confiança nas minhas capacidades e estou-lhe verdadeiramente grato por isso. Aprendi muito com ela e nunca esquecerei as lições valiosas que me ensinou.

A educação é a chave para o sucesso na vida, e os professores têm um impacto duradouro na vida dos seus alunos. Os professores do MMIMSR, Mullana, são as pessoas mais dedicadas e generosas que alguma vez conheci e sinto-me honrado por ter trabalhado com eles. A sua orientação foi-me muito útil.

Com um profundo sentido de respeito, é com imenso prazer que exprimo a minha gratidão ao Professor, **Dr. Prem Singh Grover** Department of Microbiology M.M College of Medical Sciences and Research

Mullana, pela sua orientação e sugestões construtivas ao longo do meu curso de pós-graduação. É uma grande honra ter aprendido com uma pessoa tão experiente. Os meus mais humildes e cordiais agradecimentos.

Os meus sinceros agradecimentos são também extensivos aos estimados professores **Dr. V.K.Narang**, Professor do Departamento de Microbiologia, pelos seus conselhos atempados e pela sua ajuda em todas as etapas que contribuíram para o meu crescimento como estudante. **Dr. Virender Singh**, Professor do Departamento de Microbiologia, pela sua atitude amável e generosa.

Agradeço também à minha co-orientadora**, a Dra. Sonia Mehta**, Professora Associada do Departamento de Microbiologia, que esteve sempre pronta a ajudar-me com as suas valiosas sugestões e encorajamento.

O Sr. Shinu Pottathil, meu co-orientador, Professor Assistente do Departamento de Microbiologia, também merece os meus mais sinceros agradecimentos, pois encorajou-me em todas as fases, desde o início deste trabalho até à sua conclusão. Tem sido um recurso tremendo em termos de discussão e arranjou sempre tempo na sua agenda ocupada para me ajudar.

Gostaria também de estender os meus sinceros agradecimentos à **Dra. Ruhi Bunger**, Professora Assistente do Departamento de Microbiologia, e ao **Sr. Rajesh Bareja,** Professor Assistente do Departamento de Microbiologia, que me orientaram da melhor forma possível, sempre que precisei.

Gostaria de aproveitar esta oportunidade para agradecer ao nosso ilustre Chanceler, **Shri Tarsem Kumar Garg**, por ter proporcionado as facilidades necessárias sempre que possível na sua estimada instituição.

Esta tese não poderia ter sido escrita sem o apoio e o amor da minha família. Sei que tenho sempre a minha família com quem contar quando os tempos são difíceis. Os meus pais, **Dr. Sheikh Abdul Majid** e **Sra. Rashida Jan,** sempre acreditaram em mim e ajudaram-me a atingir os meus objectivos. O seu apoio forjou o meu desejo de alcançar tudo o que podia na vida. Devo-lhes tudo e gostaria de poder mostrar-lhes o quanto os amo e aprecio.

As palavras parecem inadequadas para exprimir a minha profunda gratidão à minha mãe **Nasreen Mir,** sempre amorosa, que sacrificou a sua vida por mim e pelas minhas irmãs e me deu amor e cuidados incondicionais. É graças ao seu trabalho árduo e à sua dedicação que hoje posso exprimir a minha gratidão a toda a gente. Espero que este

o trabalho deixa-o orgulhoso.

Não teria chegado até aqui sem as minhas irmãs, **Dra. Shabana Haider** e **Nadia Adil.** Foram as minhas melhores amigas durante toda a minha vida e agradeço-lhes todos os seus conselhos e apoio.

Estes últimos anos não têm sido fáceis, tanto a nível académico como pessoal. Agradeço sinceramente ao meu marido, **o Dr. Sheikh Ishaq**, cuja cooperação e encorajamento me permitiram terminar esta jornada, já tem o meu coração, por isso vou apenas agradecer-lhe de coração. Agradeço-lhe sinceramente por ter ficado ao meu lado mesmo quando eu estava irritada e deprimida. Sinto que ambos aprendemos muito sobre a vida, o que reforçou o nosso empenhamento e determinação um para com o outro e para viver a vida ao máximo.

Finalmente, gostaria de dedicar este trabalho ao meu filho **Sheikh Hamzah**, que tem sido a única força nos momentos de agonia e dor. És verdadeiramente uma bênção e o maior presente que Deus me poderia ter dado. Amo-te.

Gostaria de agradecer ao meu querido amigo **Dr. Sheikh Afaq** e à sua mulher, a **Dra. Deeba Mushtaq**, que me deram todo o seu amor, preocupação e afeto e me apoiaram em todas as etapas.

Tenho também a obrigação de mostrar a minha gratidão para com os meus superiores, **Dr. Shalu Mengi, Dr. Prakriti Vohra, Dr. Radhika, Dr. Avneet Soodan**, pela sua generosidade e apoio inabalável.

Gostaria de agradecer aos bons amigos que fiz na MMIMSR, **Dr.ª Beena Jad, Dr.ª Ekta Joshi, Dr.ª Natasha Sawhney, Dr.ª Shivya Thakur, Dr.ª Tanya Sharma, Dr.ª Kanishtha Sharma**, pelo seu apoio durante todo o meu tempo na MMIMSR. Ajudaram-me constantemente a manter a perspetiva do que é importante na vida e mostraram-me como lidar com a realidade. Nunca esquecerei os muitos almoços maravilhosos e as actividades divertidas que fizemos juntos. São todos um grupo divertido, com muito entusiasmo e otimismo. Valorizo a sua amizade e apoio também. Estou grata à minha amiga **Dra. Raihana**, que sempre me ouviu quando precisei de falar. Posso sempre contar com ela para uma opinião bem fundamentada.

Estou grato a todo o pessoal técnico do Departamento de Microbiologia, Sr. Gulab Singh, Sr. Vijay, Sr. Manoj, Sra. Suman, Sra. Neha Narang, Sra. Neha Yadav, Sra. Ankita, Sra. Harmeet, que trabalharam comigo de todo o coração para que este projeto fosse realizado. A sua bondade e assistência serão sempre

recordado.

Gostaria de agradecer à Sra. Manjeet, pessoal não docente do Departamento de Microbiologia, pela sua ajuda e serviços prestados em todas as fases. As pessoas aqui são genuinamente simpáticas e querem ajudar-nos e estou contente por ter interagido com muitas, se me esqueci de alguém, peço desculpa.

Agradeço sinceramente à **Dra. Ritu Garg**, Professora Assistente da GMCH Chandigarh, por ter fornecido a estirpe H37Rv para a realização do estudo. Estaria a ser desonesto se não mencionasse os nomes de duas pessoas importantes na minha vida que me inspiraram e apoiaram ao longo deste longo mas gratificante caminho. As suas orações e o seu apoio moral impulsionarão sempre o meu progresso. Não posso exprimir os meus sentimentos mais profundos e o meu grande apreço através deste agradecimento, pois merecem muito mais. Estou muito grato ao Professor, **Dr. Muneer Ahmed Masoodi** e ao **Dr. Fazal Q. Parray** pela sua dedicação à educação e ao sucesso dos seus alunos. Espero ter correspondido às vossas expectativas. Agradeço sinceramente ao **Dr. Arshad Rashid**, Professor Assistente do Departamento de Cirurgia, MMIMSR, por ter respondido às minhas questões estatísticas e por me ter dado ideias para escolher o melhor método para este estudo.

Por último, mas não menos importante, estou grato a todos os doentes que fizeram parte desta investigação pela sua amável cooperação e sem os quais este estudo teria ficado incompleto.

RUMANA FAROOQ MIR

LISTA DE ABREVIATURAS

AFB	Acid fast bacilli
AIDS	Acquired immuno deficiency syndrome
BCG	Bacillus Calmette Guerin
CDC	Centers for Disease Control
^{0}C	Degree Celsius
CT	Computerized tomography
DST	Drug susceptibility testing
DNA	Deoxyribose nucleic acid
DOTS	Directly observed treatment short course
ELISA	Enzyme linked immunosorbent assay
EMB	Ethambutol
HIV	Human Immunodeficiency Virus
INH	Isoniazid
LJ	Lowenstein-Jensen medium
MDR	Multidrug resistant
MB7H9	Middlebrook
MGIT	Mycobacteria growth indicator tube
ml	Milliliter
MRI	Magnetic resonance imaging
NRA	Nitrate Reductase Assay
NPV	Negative predictive value

NTP	National Tuberculosis programme
NTM	Non tubercular Mycobacteria
NALC	N-acetyl cysteine sodium hydroxide
OADC	Oleic acid dextrose catalase
PAS	Para aminosalicylic acid
PM	Proportion method
PPV	Positive predictive value
%	Percentage
PZA	Pyrazinamide
PCR	Polymerase chain reaction
PANTA	Polymyxin B, Amphotericin B, Nalidixic Acid, Trimethoprim, Azlocillin
RMP	Rifampicin
RNTCP	Revised National Tuberculosis Control Programme
S	Streptomycin
TB	Tuberculosis
TAT	Turn around time
TST	Tuberculin skin test
WHO	World Health Organization
XDR	Extensively drug resistant
ZN	Ziehl-Neelsen

INTRODUÇÃO

A tuberculose (TB) tem uma longa história. Enquanto outras epidemias podiam durar semanas ou meses, enquanto até a peste bubónica ficava marcada para sempre pelo ano em que reinava, as epidemias de TB duravam séculos inteiros e até mesmo múltiplos de séculos. A tuberculose surgiu lenta e silenciosamente, infiltrando-se nas casas de milhões de pessoas, como um miasma sem idade. E, uma vez instalada, nunca mais desaparecia. Ano após ano, século após século, a tuberculose apertava o seu cerco implacável, agravando-se sempre que a guerra ou a fome reduziam a resistência das populações, infectando praticamente toda a gente, poupando inexplicavelmente alguns e destruindo outros, levando os jovens para as suas camas de doentes, onde a carne lhes caía lentamente dos ossos e eram consumidos pela febre que durava anos, com as suas mentes brilhantemente alertas até que, em números apocalípticos, morriam, como as folhas caídas de um outono terrível e prematuro.[1] *A Mycobacterium tuberculosis* pode ter matado mais do que qualquer outro agente patogénico microbiano.[2] Sir John Bunyan designou verdadeiramente a doença como "Capitão de todos estes Homens da Morte".

Na última década, registou-se um ressurgimento dramático da incidência da TB em todo o mundo. Entre os factores que contribuem para este aumento contam-se o crescimento da população, a epidemia de VIH e medidas de saúde pública mal aplicadas. Nos países em desenvolvimento, os esforços para travar a TB são ainda mais dificultados pela sobrelotação, pobreza, mau controlo das infecções nos hospitais, SIDA generalizada e grave falta de recursos financeiros e técnicos para programas de controlo eficazes.[3]

De acordo com o relatório da OMS de 2002, as mortes por tuberculose representaram 25% de todas as mortes prematuras nos países em desenvolvimento e 75% dos casos de tuberculose ocorreram no grupo em idade reprodutiva.[4] Atualmente, é considerada a sétima causa mais importante de mortalidade prematura e continuará a ser uma das dez primeiras causas principais de incidência de doenças mesmo em 2020.[5,6]

A pandemia de VIH alterou muito o panorama global da TB. Dos 8,7 milhões de casos incidentes em 2011, 1,0 milhão-1,2 milhão (12-14%) ocorreram em pessoas que vivem com VIH.

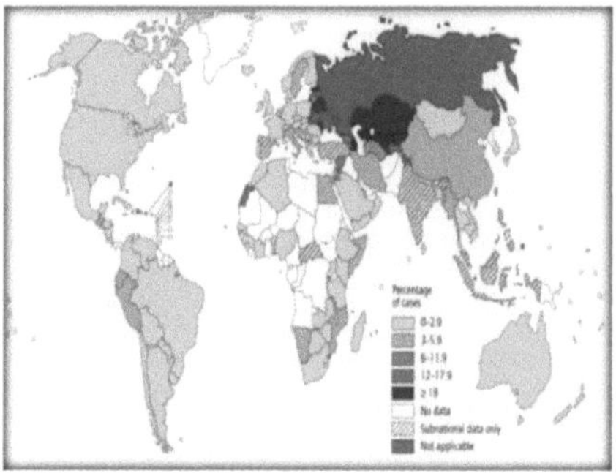

Figure I: Percentagem de novos casos de TB com MDR-TB. Fonte: Relatório Global da OMS de 2012

Os indivíduos infectados com VIH têm mais de 20 vezes mais probabilidades de reativar a tuberculose do que os que são seronegativos.[7]

A descoberta de medicamentos anti-TB na década de 1940, seguida de quimioterapia combinada, tornou a tuberculose uma doença curável. Nos países desenvolvidos, o tratamento eficaz e a vigilância reduziram drasticamente a tuberculose, com grandes esperanças de erradicação total.[8,9] No entanto, na década de 1980, percebeu-se que a tuberculose não só tinha deixado de diminuir nos países desenvolvidos, como estava a aumentar a um ritmo alarmante, particularmente na maioria das regiões mais pobres do mundo, devido ao VIH/SIDA.[7,9]

Os esforços globais para controlar a pandemia de tuberculose têm sido prejudicados pelo aparecimento e propagação de estirpes resistentes aos medicamentos anti-TB de primeira linha habitualmente utilizados. As estirpes de tuberculose multirresistente (TB-MDR) resistentes, pelo menos, à isoniazida (INH) e à rifampicina (RMP), os dois fármacos mais eficazes contra a TB, complicaram bastante o tratamento, uma vez que exigem fármacos de segunda linha, alguns dos quais são apenas injectáveis, menos eficazes, mais tóxicos e mais caros do que os agentes de primeira linha.[10] O tratamento dura 18-24 meses, mas apenas cerca de 50%-60% dos doentes com TB-MDR ficam curados, em comparação com uma taxa de cura de 95%-97% para os doentes com estirpes sensíveis aos medicamentos tratados com agentes de primeira linha.[11,12] O número de doentes com TB infectados com estirpes MDR também está a aumentar, sobretudo nos países em desenvolvimento; isto deve-se em grande parte à incapacidade dos programas de controlo de fornecerem um tratamento adequado e ao aumento acentuado dos grupos de alto risco, como os doentes com SIDA.[3]

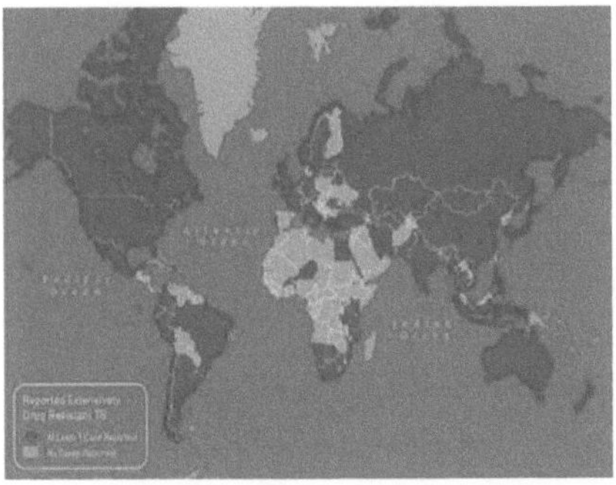

Figure II: TB extensivamente resistente aos medicamentos em todo o mundo.

A nível mundial, estima-se que 3,7% (2,1-5,2%) dos novos casos e 20% (13-26%) dos casos previamente tratados tenham TB-MDR. A Índia e a Federação Russa, em conjunto com a China, contribuem para quase 60% do fardo global estimado da TB-MDR[13] (Figura I).

A recente emergência da tuberculose extensivamente resistente (XDR-TB), descrita pela primeira vez em 2006 e definida como estirpes de TB-MDR com resistência a uma fluoroquinolona e a pelo menos um medicamento injetável de segunda linha (canamicina, amicacina ou capreomicina), veio complicar ainda mais o problema da TB-MDR.[14] A TB extensivamente resistente aos medicamentos, ou XDR-TB, foi identificada em 84 países; a proporção média de casos de TB-MDR com XDR-TB é de 9,0% (6,7-11,2%).[13] Os primeiros casos de XDR-TB na Índia foram registados no P.D. Hinduja National Hospital and Medical Research Centre[15] (Figura II). Velayati *et al.* chamaram a atenção para a emergência de tuberculose totalmente resistente aos medicamentos (TDR) numa coorte de 15 doentes do Irão, resistente a todos os medicamentos de primeira e segunda linha.[16]

Para combater este dilema, o Governo indiano tomou várias medidas importantes. Em Bombaim, as instalações laboratoriais e hospitalares foram melhoradas, o rastreio dos contactos foi intensificado e foram feitos esforços para formar o pessoal em matéria de tuberculose resistente aos medicamentos e de controlo das infecções. O pessoal médico e o financiamento foram substancialmente aumentados. Foi facultado aos doentes elegíveis o acesso a medicamentos de segunda linha. A regulamentação nacional que rege a venda privada de medicamentos contra a tuberculose foi reforçada. No final de 2012, todos os estados do país tinham uma gestão programática da tuberculose resistente aos medicamentos. Em maio de 2012, a Índia tornou a TB uma doença de notificação obrigatória e foi iniciada a recolha de dados sobre a TB através de um sistema baseado na Internet.[17]

A medida de controlo mais eficaz para impedir a propagação da tuberculose é a sua deteção precoce e o tratamento optimizado dos casos mais precoces. Embora a microscopia de coloração de Ziehl-Neelsen (ZN) seja a mais utilizada para a deteção precoce, é bastante insensível e não consegue detetar um grande número de casos.[18]

Nestas circunstâncias, a cultura de micobactérias constitui um meio sensível e específico para o diagnóstico da TB. Os métodos de cultura convencionais, como o meio Loweinstein-Jensen (LJ), requerem 2-4 semanas para o isolamento e 1-2 semanas adicionais para a especiação. Um tempo de resposta (TAT) tão prolongado no diagnóstico é inaceitável, uma vez que a deteção e a identificação rápidas de *M. tuberculosis* são essenciais tanto para fins médicos como epidemiológicos.[19] Do mesmo modo, a deteção da resistência aos medicamentos de forma fiável e rápida é importante para a gestão adequada dos casos resistentes aos medicamentos, uma vez que a elevada mortalidade entre estes doentes tem sido atribuída à sua notificação tardia pelo laboratório.[20]

Assim, existe uma necessidade manifesta de um método de cultura e de um método de teste de suscetibilidade aos medicamentos que seja fiável e tenha um TAT mais curto. Para contrariar o desenvolvimento e a propagação da TB resistente aos medicamentos, é necessário assegurar a deteção precoce desses doentes e alterar os regimes de tratamento antes que se desenvolva uma maior resistência aos medicamentos e/ou ocorra a transmissão. Infelizmente, a maioria dos métodos de teste de suscetibilidade aos medicamentos (DST) disponíveis consome muito tempo ou é demasiado dispendiosa para ser amplamente adoptada em contextos de baixo rendimento e elevada incidência.[21]

As alternativas rápidas, como os sistemas automatizados baseados em caldo ou os testes moleculares que demonstram mutações aceleradas resistentes, são mais dispendiosas e tecnicamente exigentes. Por conseguinte, não são facilmente implementadas na maior parte dos contextos com um número significativo de doentes resistentes aos medicamentos, pelo que são necessárias novas ferramentas de diagnóstico de baixo custo e de fácil implementação que apoiem o controlo global da tuberculose nesta era da tuberculose XDR.

Entre as técnicas de baixo custo, o ensaio da redutase do nitrato (NRA) parece ser uma opção viável para um método DST rápido, específico, sensível e de fácil implementação, particularmente adequado a países de baixo e médio rendimento.[22] O presente estudo foi, por isso, planeado para estudar a aplicação do NRA diretamente a amostras de expetoração utilizando o meio líquido Middlebrook 7H9 (MB7H9) para a deteção rápida da resistência *do M. tuberculosis* à INH e à RMP, a fim de assegurar a deteção precoce da TB-MDR em novos casos.

REVISÃO DA LITERATURA

PERSPECTIVA HISTÓRICA

A TB tem uma longa história; *a M. tuberculosis* está presente na população humana desde o início da história registada.[23] Presume-se que o género *Mycobacterium* tenha tido origem há mais de 150 milhões de anos. As primeiras provas de TB no Egito foram documentadas há cerca de 5000 anos e provêm de deformações esqueléticas, incluindo as deformações de Pott observadas em múmias egípcias e também representadas na arte egípcia.[2]

As descrições escritas da TB estão bem documentadas na literatura grega, por volta da época de Hipócrates (460-370 a.C.). Diz-se que a doença se encontrava muito disseminada, afectando sobretudo populações jovens, e que o tratamento na altura incluía ar fresco, leite e viagens marítimas.[2] Durante o Renascimento europeu surgiram novas teorias sobre a etiologia e a transmissão da TB, mas mesmo com os novos conhecimentos, continuava a haver muito debate sobre a etiologia, com alguns investigadores a acreditarem que a TB era tumoral e hereditária e outros a acreditarem que era infecciosa.[24]

Robert Koch (1843-1910), fundador da ciência da bacteriologia, anunciou em 24 de março de 1882 a descoberta do bacilo da tuberculose. Dezassete dias depois, a 10 de abril de 1882, Koch publicou a conferência no Berliner Medicinische Wochenschrift, com o título "*Die Aetiologie der Tuberculose*". A doença que durante tanto tempo assolou e mistificou tinha finalmente revelado o seu segredo. A notícia não tardou a espalhar-se e, para além dos relatos nas revistas médicas, a descoberta chegou às manchetes da imprensa nacional mundial.[25] Koch anunciou um composto que inibia o crescimento dos bacilos da tuberculose em cobaias quando administrado antes e depois da exposição. Chamava-se "tuberculina" e era preparado a partir de extractos de glicerol de culturas líquidas de bacilos da tuberculose. Um dos artigos de Koch (Koch 1891), que descreve a preparação e purificação parcial da tuberculina, serviu como a primeira descrição da produção do derivado parcialmente purificado (PPD) da tuberculina, atualmente utilizado no teste de Mantoux, também conhecido como teste cutâneo da tuberculina, teste de Pirquet ou teste PPD.[1]

FARDO GLOBAL DA TUBERCULOSE

A TB continua a ser um grave problema de saúde mundial e é a segunda principal causa de morte por doença infecciosa em todo o mundo, a seguir ao vírus da imunodeficiência humana (VIH).[26] É a primeira doença infecciosa declarada pela Organização Mundial de Saúde (OMS) como uma emergência de saúde mundial. [27] O relatório da OMS estimou, para o ano de 2012, uma incidência global de 9 milhões de novos casos em 2011 e 1,4 milhões de mortes por TB (990 000 entre pessoas seronegativas e 430 000 mortes por TB associada ao VIH), incluindo 3,9 milhões de indivíduos com baciloscopia positiva (figura III).

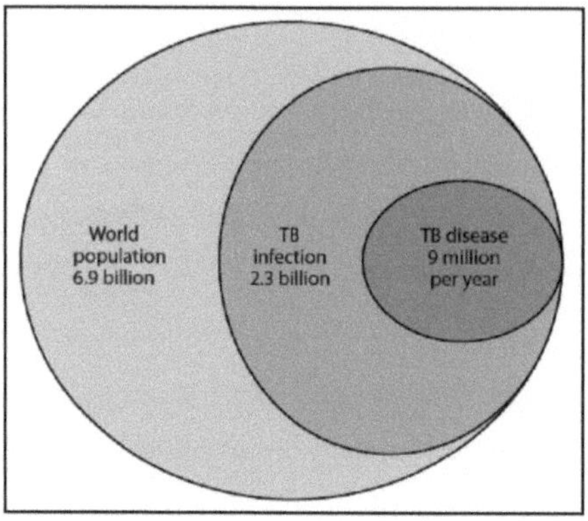

Figure III: Estimativa do número de pessoas infectadas com TB e do número de pessoas que desenvolverão a doença da TB em cada ano a nível mundial

Estas mortes incluíram 0,5 milhões de mulheres, o que faz da TB uma das principais causas de morte de mulheres em todo o mundo. Em 2011, estima-se que tenham ocorrido 0,5 milhões de casos e 64 000 mortes entre as crianças (com menos de 15 anos). A nível mundial, a tuberculose continua a causar um número inaceitavelmente elevado de doenças e mortes entre as crianças, sobretudo na sequência da pandemia de VIH. Os cinco países com o maior número de casos incidentes em 2011 foram a Índia (2,0 milhões-2,5 milhões), a China (0,9 milhões-1,1 milhões), a África do Sul (0,4 milhões-0,6 milhões), a Indonésia (0,4 milhões-0,5 milhões) e o Paquistão (0,3 milhões-0,5 milhões). Só a Índia e a China representaram 26% e 12% dos casos mundiais, respetivamente.[13]

TUBERCULOSE NA ÍNDIA

Na Índia, há uma série de manuscritos em sânscrito dos quais deriva o sistema Ayurveda da prática médica geral indiana. Em pelo menos um desses manuscritos, existe um grupo de doenças designado por Sosha. Trata-se de doenças com uma caraterística proeminente de definhamento, e há outros sintomas como "tosse e cuspidelas de sangue". Diz-se também que o Deus-Lua, o rei dos Brahmanas, foi o primeiro a ser vítima desta doença, que por isso ficou também conhecida como Rajayakshma, ou doença do rei. No início do século XIX, pensava-se geralmente que a tuberculose quase não existia na Índia. Em meados do século XIX, pensava-se que a tuberculose era comum nalguns distritos, particularmente entre as tropas inglesas, e nalgumas áreas pensava-se que era comum "também entre os nativos", como no distrito de Madras. Pensava-se também que a tuberculose na Índia era de "um tipo extremamente pernicioso". Em 1907, a Igreja Metodista Episcopal Americana abriu um sanatório em Tilaunia, entre Ajmer e Phalera, destinado às raparigas dos internatos e orfanatos do Norte da Índia ligados à missão. O primeiro sanatório a ser criado sob gestão indiana foi inaugurado em 1909 em Dharmpur, perto de Kasauli, e o primeiro sanatório gerido pelo governo foi o sanatório King Edward VII, iniciado em Bhowali, perto de Nainital, inaugurado em 1912. [28]

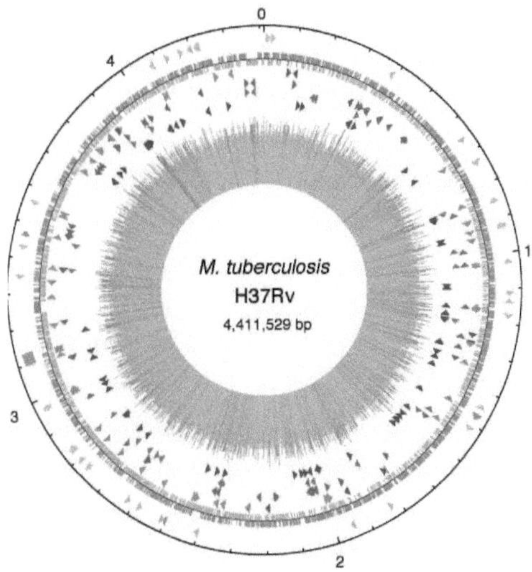

Figura IV: Representação esquemática do genoma *do M. tuberculosis* H37Rv. O círculo exterior mostra a escala em Mb, com 0 a representar a origem da replicação. O primeiro anel a partir do exterior indica as posições dos genes de ARN estáveis (os ARNt são azuis, os outros são cor-de-rosa) e a região de repetição direta (cubo cor-de-rosa); o segundo anel para o interior mostra a sequência codificante por cadeia (no sentido dos ponteiros do relógio, verde escuro; no sentido contrário, verde claro); o terceiro anel mostra o ADN repetitivo (sequências de inserção, cor de laranja; família 13E12 REP, cor-de-rosa escuro; profago, azul); o quarto anel mostra as posições dos membros da família PPE (verde); o quinto anel mostra os membros da família PE (roxo, excluindo PGRS); e o sexto anel mostra as posições das sequências PGRS (vermelho escuro). O histograma (centro) representa o conteúdo de G + C, com <65% G + C em amarelo e >65% G + C em vermelho.

O ORGANISMO

A tuberculose é uma doença infecciosa causada por bactérias pertencentes ao complexo *Mycobacterium tuberculosis*. As micobactérias são bactérias aeróbias, não-móveis, não formadoras de esporos, fracamente gram positivas, aeróbias e microaerofílicas, rectas ou ligeiramente curvadas, em forma de bastonete, medindo 0,2-0,6 × 1-10 μm de tamanho.[29]

A genética de M. *tuberculosis* foi um assunto negligenciado devido às dificuldades em trabalhar com o organismo e à falta de ferramentas adequadas. Uma revisão publicada em 1994 afirmava que este campo "... está ainda na sua infância".[30] Com o desenvolvimento da sequenciação do genoma, o genoma completo através da sequenciação do ADN e da bioinformática gerou conjuntos de dados completos de genes, proteínas, antigénios e permitiu a reconstrução *in vitro* da evolução, fornecendo conhecimentos biológicos, evolutivos e médicos muito ricos. O genoma completo do *M. tuberculosis* H37Rv foi publicado em 1998, revelando um genoma circular constituído por 4.411.532 pares de bases (pb) contendo aproximadamente 4000 genes que codificam proteínas e 50 genes que codificam ARNs[31] (Figura IV). O genoma de M. *tuberculosis* é rico em GC (65,6%).[32] Este foi atualizado quatro anos mais tarde, em 2002, tendo sido prevista a função de 2058 genes (52%).[33]

TRANSMISSÃO DE *M. TUBERCULOSIS*

Os bacilos álcool-ácido resistentes que causam a tuberculose são transmitidos pela via aérea.[34] A tuberculose é disseminada de pessoa para pessoa através do ar por núcleos de gotículas, partículas de 1 a 5 µm de diâmetro que contêm o complexo *M. tuberculosis*.[35] Os núcleos de gotículas são produzidos quando as pessoas com tuberculose pulmonar e laríngea tossem, espirram, falam ou cantam aerossolização durante a broncoscopia e através da manipulação de lesões ou processamento de tecidos ou secreções no hospital ou laboratório.[36]

Quatro factores determinam a probabilidade de transmissão do *M. tuberculosis:* [37]

1. O número de organismos que são expelidos para o ar.
2. A concentração de organismos no ar é determinada pelo volume do espaço e pela sua ventilação.
3. O tempo durante o qual uma pessoa exposta respira o ar contaminado.
4. Presumivelmente, o estado imunitário do indivíduo exposto.

PATOGÉNESE DA TUBERCULOSE

Após a inalação, os núcleos das gotículas são transportados pela árvore brônquica e implantam-se nos bronquíolos ou nos alvéolos. O facto de um bacilo da tuberculose inalado estabelecer ou não uma infeção depende tanto da virulência bacteriana como da capacidade microbicida inerente dos macrófagos alveolares que o ingerem.[35] Se o bacilo conseguir sobreviver às defesas iniciais, pode multiplicar-se no interior do macrófago alveolar.[35]

O bacilo da tuberculose cresce lentamente, dividindo-se aproximadamente a cada 25 a 32 horas no interior do macrófago. *O M. tuberculosis* não possui endotoxinas ou exotoxinas conhecidas.[38] Antes do desenvolvimento da imunidade celular, os bacilos da tuberculose disseminam-se através de linfáticos para os gânglios linfáticos hilares e daí através da corrente sanguínea para locais mais distantes. Os organismos depositados nas zonas superiores dos pulmões, nos rins, nos ossos e no cérebro podem encontrar um ambiente que favorece o seu crescimento e podem ocorrer numerosas divisões bacterianas antes que a imunidade celular específica se desenvolva e limite a multiplicação.[39] Em pessoas com imunidade mediada por células intacta, colecções de células T activadas e macrófagos formam granulomas que limitam a multiplicação e a disseminação do organismo.[40]

EPIDEMIOLOGIA DA TUBERCULOSE

Muitos factores contribuem para a magnitude da propagação do problema da tuberculose, mas os mais importantes são

1. A fase da epidemia atingida em cada país.
2. A eficácia do programa de combate à tuberculose.
3. Prevalência da infeção pelo VIH.

Os dois factores essenciais para a propagação da tuberculose são as condições de vida em aglomerações que favorecem a propagação da infeção por via aérea e uma população com pouca resistência nativa. Por volta da viragem do século, a TB era a principal causa de morte nos EUA. Nessa altura, a redução anual das taxas de morbilidade e mortalidade era de aproximadamente 4%. Esta redução foi causada pela melhoria das condições socioeconómicas e pela morte dos indivíduos com menor resistência. Os sanatórios tiveram um papel importante neste declínio.[41] A introdução da quimioterapia quase duplicou esta taxa de redução. O ressurgimento da TB levou a uma nova preocupação com a sua eliminação. Reichman referiu-se a este fenómeno e às suas causas subjacentes como "a curva em forma de U da preocupação".[42] A epidemia de VIH contribuiu significativamente para o aumento dos casos de TB. A co-infeção com o VIH e a TB também alterou a distribuição etária da TB. Por último, a incidência da TB está a aumentar a um ritmo mais elevado na subpopulação com maior incidência de SIDA, negros, hispânicos, haitianos e pessoas com antecedentes de abuso de drogas por via intravenosa.[43]

DEMOGRAFIA

- **Fator idade:**

Rawat J *et al* (2008)[44]: O seu estudo demonstrou o perfil demográfico da população indiana. Dos 138 doentes, 50 pertenciam ao grupo dos idosos e 88 ao grupo dos adultos jovens. Os doentes jovens tinham idades compreendidas entre os 18 e os 59 anos, com uma média de 35,71±5,7 anos, e os doentes idosos tinham idades compreendidas entre os 60 e os 82 anos, com uma média de 68,57±3,03 anos.

Bam N (2009)[45]: Estudou os anticorpos IgM e IgG na tuberculose no Nepal. De um total de 90 doentes, a maioria dos doentes tinha entre 16 e 78 anos de idade. A idade média era de 44,88 anos nos doentes tuberculosos e de 48,20 anos nos indivíduos de controlo. A incidência foi maior nos doentes idosos devido à diminuição da imunidade e às co-morbilidades associadas.

El Bohy et al (2009)[46]: No seu estudo sobre a comparação entre o tubo indicador de crescimento de micobactérias (MGIT), o sistema BACTEC 460 TB e o meio LJ para a deteção de *Mycobacterium tuberculosis* no Egito, verificaram que a idade dos doentes variava entre 15 e 85 anos.

Christian D *et al* (2010)[47]: Realizaram um estudo sobre os perfis sociodemográficos no distrito de Anand, na Índia, no qual observaram que, de um total de 100 pacientes que estavam a receber DOTS, a idade média era de 34,59 anos (8,21- 60,93 anos). A idade mínima era de 15 anos e a máxima de 70 anos.

- **Sexo**

Rawat *et al* (2008)[44]: No seu estudo, foi referida uma predominância masculina devido ao facto de, na maioria dos países, os homens terem normalmente mais actividades sociais e laborais do que as mulheres, favorecendo assim a transmissão da doença.

Bam N (2009)[45]: Do total de 90 pacientes do estudo, 62 (68,89%) eram do sexo masculino e 28 (31,11%) do sexo feminino. Cada um dos grupos de TB pulmonar, TB extrapulmonar e infeção torácica não tuberculosa (NTB) tinha 30 (33,33%) doentes. A proporção de homens e mulheres era de 3:1 (45:15) nos doentes tuberculosos.

El Bohy et al (2009)[46]: No seu estudo sobre a comparação entre o tubo indicador de crescimento de micobactérias (MGIT), o sistema BACTEC 460 TB e o meio LJ para a deteção de *M.tuberculosis,* cento e dezassete pacientes eram do sexo masculino (78%); trinta e três pacientes eram do sexo feminino (22%). **Christian D *et al* (2010)[47]:** O seu estudo sobre os perfis sociodemográficos dos doentes diagnosticados tardiamente no RNTCP, distrito de Anand, observou que, de um total de 100 doentes a receber DOTS, 68 eram do sexo masculino e 32 do sexo feminino.

- **Fator residencial**

Aktogu *et al* (1996)[48]: No seu estudo realizado na Turquia sobre 5480 casos, observaram que 4115 (75%) casos se concentravam em grandes áreas urbanas e 1365 (25%) eram de áreas rurais. A razão apontada foi a urbanização rápida e não planeada, os bairros de lata sobrelotados com más condições sanitárias, as más condições económicas e o desemprego.

Tupasi TE (2000)[49]: Avaliou a incidência da tuberculose bacilar nas comunidades rurais e urbanas das Filipinas. Observou que 13,9% eram da área metropolitana de Manila, 27,8% eram de outras áreas urbanas e 58,3% eram de áreas rurais.

Rawat J (2008)[44]: Reportou que, de um total de 138 pacientes, 98 pacientes pertenciam à zona rural e 40 pacientes pertenciam à zona urbana e que a maioria dos pacientes com TB pulmonar pertencia à zona rural.

- **Contacto do agregado familiar**

Seth V et al (1995)50: O seu estudo sobre linfadenite tuberculosa: manifestações clínicas, observou que a história familiar de contacto com um doente tuberculoso conhecido era positiva em 19 (17%) crianças.

Al-Zahrani (2000)[51]: No seu estudo, relatou que, de 510 doentes, 60 tinham TB ativa, dos quais 19 tinham antecedentes de contacto com doentes com TB e 41 não tinham antecedentes de contacto.

Rabia M (2011)[52]: Verificou-se que, de 100 crianças, 19 tinham história de contacto, enquanto 81 não tinham história de contacto.

- **Fumar**

O tabagismo pode ser responsável por 40 milhões de mortes em excesso devido à tuberculose.

Ariyothai N (2004)53: que concluiu que havia uma relação entre a TB pulmonar e a quantidade de exposição ao tabaco.

Boon SD (2005)5[4] : O seu estudo mostrou que os fumadores actuais ou ex-fumadores tinham uma prevalência mais elevada de infeção por *M tuberculosis* do que as pessoas que nunca fumaram e que havia um risco ligeiramente mais elevado de infeção para os que fumavam mais de 15 maços/ano do que para os que fumavam menos. Isto sugere que o risco acrescido de doença e morte por tuberculose entre os fumadores pode dever-se, pelo menos em parte, a um risco acrescido de os fumadores serem infectados *pelo M tuberculosis.*

Godoy P (2013)55: No seu estudo, demonstraram que fumar em doentes com tuberculose aumenta o risco de infeção nos seus contactos. A prevalência do tabagismo entre os casos de TB foi de 40,7% (439/1079). A prevalência de infeção tuberculosa latente entre os seus contactos foi de 29,7% (2281/7673). Foi mais elevada entre os contactos dos casos-índice fumadores (35,3%) do que entre os dos não fumadores (25,7%). O tabagismo foi associado de forma independente a um risco acrescido de ILTB entre os contactos e foi estimado como responsável por 12,8% das infecções.

MANIFESTAÇÕES CLÍNICAS

A TB é classificada como pulmonar, extrapulmonar ou ambas. Antes do advento da infeção pelo VIH, ~80% de todos os novos casos de TB estavam limitados aos pulmões. No entanto, até dois terços dos doentes infectados pelo VIH com tuberculose podem ter doença pulmonar e extrapulmonar ou apenas doença extrapulmonar.

Tuberculose pulmonar

A TB pulmonar pode ser classificada como primária ou pós-primária (secundária).[56]

Doença primária

Pouco depois da infeção inicial com bacilos da tuberculose, ocorre a TB pulmonar primária. Em zonas de elevada transmissão de tuberculose, esta forma de doença é frequentemente observada em crianças. Dado que a maior parte do ar inspirado é distribuído para as zonas médias e inferiores dos pulmões, estas áreas dos pulmões são as mais frequentemente envolvidas na tuberculose primária.

Leung AN et al (1992)57 estudaram as caraterísticas radiológicas da TB primária em crianças. No estudo, foram analisadas 191 crianças com TB primária pediátrica. A linfadenopatia, presente em 92% dos casos, foi a anomalia mais comum identificada na radiografia inicial do tórax e envolvia tipicamente as regiões hilar e paratraqueal. As anomalias do parênquima, identificadas em 70% dos casos, ocorreram mais frequentemente no pulmão direito. As crianças dos 0 aos 3 anos de idade apresentaram uma maior prevalência de linfadenopatia.

Merino JM et al (2001)[58] estudaram 104 doentes com idades compreendidas entre os 0 e os 18 anos com diagnóstico de TB pulmonar primária. A confirmação do diagnóstico neste grupo de doentes foi frequentemente complicada devido a dificuldades na obtenção de amostras adequadas para bacteriologia. Por esta razão, em muitos casos, o diagnóstico baseou-se numa história de contacto, num resultado positivo da prova tuberculínica e em anomalias caraterísticas na radiografia do tórax, bem como numa boa resposta à quimioterapia antituberculosa.

Andronikou S *et al* (2012)[59]**:** Realizaram um estudo sobre a utilidade das radiografias laterais para a deteção de linfadenopatia tuberculosa em crianças. Observaram que o diagnóstico da doença em crianças era um desafio, uma vez que 56 a 65% das crianças eram assintomáticas na altura do diagnóstico. Por conseguinte, o diagnóstico da tuberculose pulmonar baseia-se frequentemente em achados imagiológicos. As crianças desde o nascimento até aos 3 anos têm uma elevada prevalência de linfadenopatia. As localizações mais frequentes da linfadenopatia foram a subcarinal e a hilar direita. Os valores de sensibilidade e especificidade dos RXC foram moderados, com a região precarinal a ter a melhor sensibilidade e especificidade para a presença de linfadenopatia.

Doença pós-primária

A doença pós-primária pode resultar da reativação endógena de bacilos dormentes em focos residuais nos ápices pulmonares.[60] A disseminação hematogénica e a reativação ocorrem preferencialmente nas zonas superiores do pulmão, devido à maior tensão de oxigénio e à drenagem linfática deficiente nessas áreas.[61]

Shewchuk JR *et al* (2002) [62] avaliaram a TB pulmonar pós-primária pediátrica. Os achados radiográficos da TB pulmonar pós-primária pediátrica incluíram consolidação e cavitações no lobo superior, opacidades multifocais mal definidas no espaço aéreo, evidência de TB pulmonar anterior e espessamento pleural apical. Os derrames pleurais e a linfadenopatia não estavam habitualmente presentes. A possibilidade de TB pós-primária deve ser considerada em doentes pediátricos em risco de contrair esta doença que apresentem consolidação pulmonar no lobo superior e cavitação. Estes doentes são altamente infecciosos e o reconhecimento e tratamento precoces podem limitar a transmissão da TB.

Tuberculose extrapulmonar

Por ordem de frequência, os locais extrapulmonares mais frequentemente envolvidos na tuberculose são os gânglios linfáticos, a pleura, o trato geniturinário, os ossos e as articulações, as meninges, o peritoneu e o pericárdio. No entanto, praticamente todos os sistemas de órgãos podem ser afectados. Como resultado de

disseminação hematogénica em indivíduos infectados pelo VIH, a tuberculose extrapulmonar é vista mais frequentemente hoje do que no passado.[56]

DIAGNÓSTICO CLÍNICO DA TUBERCULOSE

O diagnóstico da tuberculose ativa é, e será sempre, um exercício clínico. Na tuberculose [2]p[1]ulmonar, os sintomas cardinais são tosse, febre, suores ou arrepios, anorexia, perda de peso e mal-estar.[63,64] A tosse persistente, que pode ser seca ou produtiva, é o sintoma mais comum.[65] A hemoptise é habitualmente observada na doença avançada.[66] A dispneia é mais provável de ocorrer com o envolvimento pleural (derrame), mas com doença parenquimatosa ou miliar extensa, pode ocorrer insuficiência respiratória franca.[67] A dor torácica resulta frequentemente do envolvimento da pleura ou do parênquima adjacente.[66] Os sintomas individuais e as combinações de sintomas carecem de sensibilidade e especificidade para o diagnóstico. A tosse, o indicador sintomático mais sensível de doença ativa, é descrita em 40% a 80% dos doentes com tuberculose pulmonar, enquanto a febre e a perda de peso ocorrem geralmente em menos de metade e a hemoptise é encontrada em menos de um quarto.[63,64] Num estudo, a presença de três dos quatro sintomas seguintes - tosse durante mais de 21 dias, dor torácica durante mais de 15 dias, ausência de expetoração e ausência de dispneia - teve uma sensibilidade de 86%, mas uma especificidade de apenas 49%.[68]

Aktogu S *et al* (1996)[48] incluíram no seu estudo 5480 doentes que sofriam de tuberculose pulmonar e pleural. O sintoma mais comum observado foi a tosse (90%), expetoração de expetoração (65%), anorexia e perda de peso (64%), suores noturnos e arrepios (62%), dor torácica (37%), hempotise (29%) e dispneia (29%).

El-Sony AI *et al* (2003)[69] avaliaram os sintomas em doentes que frequentavam serviços de diagnóstico de tuberculose pulmonar no Sudão. Observou que os doentes com tuberculose tinham uma constelação de sintomas, sendo o principal sintoma a tosse durante mais de 3 semanas (94,5%). Os sintomas acompanhantes com maior significado previsto eram a perda de peso (91,6%), o cansaço e os suores noturnos (62,8%).

Morehead (1998)[70] , no seu estudo sobre a tuberculose da pleura, encontrou como sintomas mais comuns a tosse (71-94%), a febre (71-100%), a dor torácica (78-82%) e a dispneia.

INVESTIGAÇÕES

Provas diretas

Caraterísticas macroscópicas

Yoon *et al* (2012)[71] , no seu estudo, observaram que a expetoração salivar apresentava a menor positividade de esfregaço (17,6%), enquanto a expetoração purulenta (33,33%) apresentava a maior positividade de esfregaço.

I. Coloração de Ziehl-Neelsen

Robert Koch (1882)[72] relatou a descoberta do bacilo da tuberculose e descreveu a aparência dos bacilos resultante de um procedimento complexo de coloração. Publicou o método que tinha utilizado para corar os bacilos em 10 de abril de 1882. Utilizou uma mistura de azul de metileno e de hidróxido de potássio para a coloração do esfregaço após a fixação, contracoloração com Vesuvin (castanho de Bismark). Cultivou os bacilos da tuberculose em soro bovino/ s²h³eep coagulado pelo calor, um meio inventado pelo físico irlandês John Tyandall. Em experiências posteriores, verificou-se que um meio de cultura contendo ovos inteiros, farinha de batata, glicerol e sais (solidificados por inspirações) era eficaz no isolamento de micobactérias.

A atual coloração ZN evoluiu a partir de tentativas de melhorar o método de Koch. Os contributos significativos para este objetivo foram dados pelos seguintes cientistas. Ehrlich (1882) melhorou-o, acrescentando uma etapa de descoloração com ácido mineral. Utilizou também uma coloração vermelha, a fuschina, e alterou o mordente para óleo de anilina. Ziehl (1882) alterou o mordente para ácido carbólico. Rindfleisch (1882) aqueceu a lâmina em vez de a colocar em água quente. Neelsen (1883) combinou o mordente de Ziehl com a coloração vermelha de Ehrlich.

De entre os vários métodos de coloração de organismos ácido-rápidos, a técnica de coloração ZN é a melhor e está em voga na maioria dos laboratórios do mundo. Pensa-se que o êxito do método depende em parte do calor empregue, que torna os bacilos permeáveis aos corantes aquosos. Foram efectuadas várias tentativas para desenvolver um método de coloração a frio.

Kinyonn (1915) utilizou uma concentração mais elevada de fucsina básica e fenol para a coloração a frio.[73]

Rao KP *et al* (1966)[74] não obtiveram resultados satisfatórios quando experimentaram este método de coloração a frio. Não foi feita qualquer tentativa para aumentar a permeabilidade da barreira de superfície, ou seja, a parede celular das micobactérias; no entanto, no método convencional, o método ZN, esta barreira foi provavelmente ultrapassada através da aplicação de calor durante a coloração.

Os esfregaços corados pelo método de coloração ZN têm de ser digitalizados com uma objetiva de imersão em óleo. Isto limita a área total da lâmina que pode ser visualizada numa determinada unidade de tempo. Em contrapartida, os esfregaços corados pelo procedimento do fluorocromo da auramina podem ser examinados com uma objetiva de 25X, aumentando assim o campo de visão e, por conseguinte, a sensibilidade e reduzindo o tempo necessário para examinar uma determinada área. As modificações da coloração pelo fluorocromo da auramina incluem a adição de rodamina, que confere um aspeto dourado às células, ou a utilização de laranja de acridina como contracoloração, que resulta num fundo vermelho a laranja. Os falsos positivos podem ser devidos à fluorescência de tecidos não específicos ou de detritos celulares que podem ser confundidos com bacilos com a objetiva de 25X.

O exame microscópico de esfregaços de expetoração para pesquisa de bacilos álcool-ácido rápidos é o método mais prático e mais barato para diagnosticar casos de tuberculose pulmonar e, desta forma, é de grande ajuda na deteção de casos no controlo da tuberculose nos países em desenvolvimento.

Este método pode identificar 60-70% das amostras positivas para cultura com um limite inferior de deteção de 5000 bacilos/ml. Os esforços destinados a otimizar a sensibilidade da microscopia têm sido dirigidos principalmente à concentração da expetoração, a uma melhor coloração e leitura das amostras, bem como ao aumento do número de amostras examinadas.[75]

Ziaee M et al (2008)[76] efectuaram um estudo sobre a comparação do valor de duas colorações de expetoração diferentes para o diagnóstico de bacilos álcool-ácido resistentes. Um total de 102 dos 920 indivíduos do estudo tinha tuberculose pulmonar, dos quais 66,66% dos doentes tinham baciloscopia positiva por qualquer um dos métodos de coloração, enquanto outros tinham baciloscopia negativa. A proporção de esfregaços positivos detectados foi de 51% e 57% para os métodos de coloração com ZN e auramina-fenol, respetivamente.

Hooja S *et ai* (2011)[77]**:** Realizou a comparação dos métodos de coloração Ziehl Neelsen & Auramine O em esfregaços diretos e concentrados em amostras clínicas. Foi detectado crescimento de micobactérias em 137 (35,77%) amostras; a sensibilidade da coloração direta foi de 55,55% para ZN e 71,85% para Auramine O.

II. Cultura na Lowenstein Jensen Media

A cultura de micobactérias é mais sensível e específica para o diagnóstico da TB do que o esfregaço de AFB. Utilizando o diagnóstico clínico final da TB pulmonar como padrão, a sensibilidade da cultura de expetoração é superior a 80%. Principalmente devido à contaminação da amostra à cabeceira do doente ou no laboratório, também ocorrem falsos positivos com a cultura. No entanto, a especificidade da cultura foi registada como sendo de 98%. A principal limitação da cultura é a demora na obtenção dos resultados.[78]

Muhammad Atiq-ur-Rehman *et al* (2009)[79]: Afirmou que o esfregaço de expetoração e a cultura para AFB não só continuam a ser o padrão de ouro para o diagnóstico da TB pulmonar, como também são cruciais para o teste de sensibilidade aos medicamentos e para avaliar a conversão microbiológica durante a terapia anti-micobacteriana.

Yoon *et al* (2012)[71]: Efectuaram um estudo prospetivo sobre o impacto do aspeto grosseiro e do volume da expetoração nos casos de baciloscopia positiva de TB pulmonar. Entre 2.439 pacientes submetidos a um exame de TB, um total de 263 pacientes foram diagnosticados microscopicamente ou clinicamente com TB pulmonar. Destes, 74 doentes foram excluídos. Para além disso, foram também excluídos 19 doentes diagnosticados com doenças pulmonares por micobactérias não tuberculosas. Finalmente, foram incluídos e analisados 170 doentes com TB pulmonar. Destes, 101 (59,4%) tinham TB com cultura positiva e 69 (40,6%), TB diagnosticada clinicamente. O AFB foi observado num ou mais esfregaços de expetoração de 73 (42,9%) doentes (TB com baciloscopia positiva), incluindo 52 (46,0%) homens e 21 (36,8%) mulheres. A cultura da expetoração revelou M. tuberculosis em 101 (59,4%) doentes, incluindo 71 homens (62,8%) e 30 mulheres (52,6%). Os fumadores actuais eram mais comuns nos homens do que nas mulheres com TB.

Ceyhan *et al* (2012)80: Estudou a comparação e a avaliação do meio Lowenstein-Jensen e do meio Ogawa a 2% para o diagnóstico da TB. Os resultados da cultura foram positivos em 248 doentes (7,5%). Enquanto 210 destes foram positivos por ambos os meios, 20 (827%) doentes foram detectados positivos apenas pelo meio LJ e 18 (7,3%) apenas pelo meio Ogawa. A sensibilidade do meio LJ foi de 92,7% (230/248) e a do meio Ogawa foi de 91,9% (228/248). Concluiu-se que, tendo em conta o baixo preço e as baixas taxas de contaminação, o meio Ogawa, utilizado em conjunto com um meio líquido + meio LJ, aumentaria o rendimento das micobactérias de amostras individuais (líquido cefalorraquidiano, biopsia, pus, etc.) enviadas para os laboratórios. **Meio líquido**

Embora conhecidos há décadas, os meios líquidos para a cultura de micobactérias nunca tinham atraído a atenção dos microbiologistas. De facto, a capacidade de um meio líquido para suportar um crescimento mais rápido foi fortemente prejudicada pela sua suscetibilidade à contaminação. A utilização de combinações de antimicrobianos capazes de inibir o crescimento de todo o espetro de contaminação potencial representou um ponto de viragem. Durante o mesmo período, a automatização estava a dar os primeiros passos na microbiologia, com as hemoculturas a liderar o campo. A ideia, aparentemente trivial, de exportar essa tecnologia para as culturas de micobactérias evoluiu para meios líquidos selectivos, que constituíram um avanço para a micobacteriologia de diagnóstico.[8]1

O crescimento de micobactérias em meios laboratoriais é considerado o padrão de ouro para o diagnóstico e recomenda-se a utilização de dois meios de cultura diferentes, sendo um deles líquido. **Flournoy *et al* (2001)**[82]**:** Estudou a comparação do crescimento de bacilos álcool-ácido resistentes em meios LJ formulados classicamente e ágar MB7H11 com caldo MB7H9 modificado. Observou que o caldo MB7H9 modificado era pouco dispendioso de preparar, permitia uma interpretação rápida e fácil do crescimento, não exigia aparelhos especiais e permitia um crescimento mais rápido de algumas culturas. Embora o meio LJ e o ágar MB 7H11 continuassem a ser os principais suportes do protocolo de rotina de cultura de bacilos álcool-ácido rápidos, o caldo MB7H9 modificado forneceu resultados positivos anteriores ou adicionais em 14% das culturas positivas. Recomendaram a utilização do caldo MB7H9 modificado, tal como descrito no seu artigo, para melhorar a deteção precoce de bacilos álcool-ácido rápidos por cultura.

Chihota *et al* (2010)[83]**:** No seu estudo sobre a cultura líquida vs. sólida para a tuberculose, observaram que, entre 1267 amostras, o MGIT vs. LJ proporcionou um maior rendimento de micobactérias (29,7% vs. 22,8%), uma maior contaminação (16,7% vs. 9,3%) e um tempo mais curto para a cultura positiva (mediana de 14 vs. 25 dias para amostras negativas para baciloscopia). Entre as amostras negativas para esfregaço que foram positivas para cultura no MGIT mas negativas/contaminadas no LJ, 77,3% eram micobactérias não tuberculosas.

III. Testes de diagnóstico mais recentes: Ensaios de amplificação de ácidos nucleicos

Com os avanços na biologia molecular, os testes baseados na reação em cadeia da polimerase (PCR) para o diagnóstico da TB ficaram disponíveis pela primeira vez na década de 1990.[84] Estes testes baseiam-se na amplificação do ADN ou ARN da sequência genómica alvo que pode depois ser detectada com uma sonda de ácido nucleico. O método permite a deteção de apenas 1 a 10 bacilos em amostras clínicas, como a expetoração e outros fluidos. Em relação ao exame de esfregaço, que requer uma carga relativamente grande de bacilos (10^4/ml) e também identifica outras bactérias ácido-resistentes, a abordagem prometeu aumentar significativamente a sensibilidade e a especificidade do diagnóstico laboratorial.[85] Além disso, os testes podem ser realizados em 24 horas, o que os torna atractivos em comparação com a cultura para um diagnóstico rápido. Como a amplificação baseada em PCR detecta sequências de organismos mortos e vivos, a tecnologia é mais útil para o diagnóstico inicial e não para o acompanhamento do tratamento.[36]

MÉTODOS INDIRECTOS

Inclui serologia, teste tuberculínico e métodos radiográficos.

Serologia

Os testes serológicos da TB baseiam-se quase exclusivamente no reconhecimento de anticorpos dos antigénios do *M. tuberculosis* pela resposta imunitária humoral, em oposição ao reconhecimento de antigénios pela resposta imunitária celular (por exemplo, ensaios de libertação de interferão-gama). Não há provas de que os ensaios serológicos comerciais existentes melhorem os resultados dos doentes e as elevadas proporções de resultados falsos positivos e falsos negativos podem ter um impacto adverso na saúde dos doentes. A baixa especificidade leva a que um número inaceitavelmente elevado de doentes seja erradamente diagnosticado com tuberculose.

A deteção do antigénio micobacteriano no líquido cefalorraquidiano (LCR) pode ser utilizada para o diagnóstico da meningite tuberculosa. A hemaglutinação passiva inversa, a aglutinação em látex e o ensaio imunoenzimático (ELISA) são alguns dos métodos utilizados[86].

A prova cutânea da tuberculina (TST)

A prova da tuberculina tem sido o método tradicional de deteção da infeção pelos bacilos da tuberculose. Os epidemiologistas têm-na utilizado extensivamente para avaliar a situação da tuberculose em diferentes comunidades. Na prática clínica, é utilizada para determinar a presença ou ausência de infeção por tuberculose. Isto ajuda no diagnóstico diferencial da tuberculose nas crianças e a decidir sobre a administração de quimioprofilaxia. O derivado proteico purificado (PPD), ou tuberculina, é composto por uma mistura de proteínas do *M. tuberculosis* morto pelo calor. A injeção de PPD sob a pele do antebraço precipita uma reação de hipersensibilidade em pessoas com infeção prévia por tuberculose. Esta reação apresenta-se como um espessamento da pele no local da injeção após 24-48 horas. Este método tem sido utilizado clinicamente há mais de 90 anos e o seu papel principal tem sido a deteção da infeção latente, embora também tenha sido aplicado de forma inadequada para detetar a doença ativa em adultos. Infelizmente, a sua aplicação é problemática devido à frequência de reacções cutâneas falso-positivas e falso-negativas.[87]

MÉTODOS RADIOGRÁFICOS

Normalmente, a doença parenquimatosa manifesta-se como uma consolidação parenquimatosa densa e homogénea em qualquer lobo; no entanto, a predominância nos lobos inferior e médio é sugestiva da doença, especialmente em adultos. A sua aparência é frequentemente indistinguível da pneumonia bacteriana; no entanto, pode ser diferenciada da pneumonia bacteriana com base na evidência radiográfica de linfadenopatia e na ausência de resposta aos antibióticos convencionais. A evidência radiográfica de linfadenopatia é observada em até 96% das crianças e 43% dos adultos. A linfadenopatia é tipicamente unilateral e do lado direito, envolvendo o hilo e a região paratraqueal direita, embora seja bilateral em cerca de um terço dos casos. Quaisquer nódulos com mais de 2 cm de diâmetro têm geralmente um centro de baixa atenuação secundário a necrose na tomografia computorizada (TC) e são altamente sugestivos de doença ativa. A TC é mais sensível do que a radiografia torácica para avaliar a linfadenopatia. Na doença miliar, a radiografia do tórax é geralmente normal no início dos sintomas e a hiperinsuflação pode ser a caraterística mais precoce. Os achados radiográficos clássicos de pequenos nódulos difusos de 2-3 mm, uniformemente distribuídos, com ligeira predominância no lobo inferior, são observados em 85% dos casos. A TC de alta resolução é mais sensível. Um derrame pleural é observado em aproximadamente um quarto dos doentes com tuberculose primária comprovada. Na doença pós-primária, o achado mais precoce na doença parenquimatosa é uma consolidação irregular e mal definida, particularmente nos segmentos apicais e posteriores dos lobos superiores. Na maioria dos casos, mais do que um segmento pulmonar está envolvido, sendo a doença bilateral observada em um terço a dois terços dos casos. A cavitação, a caraterística da tuberculose pós-primária, afecta cerca de 50% dos doentes. Quando existe uma suspeita clínica significativa e os achados na radiografia simples são ambíguos, a TC ou a RMN podem fornecer informação diagnóstica útil.[88]

MDR-TUBERCULOSE

Quando a estreptomicina foi descoberta em 1944, a terapia medicamentosa tornou-se disponível para a TB. A sua introdução foi seguida de perto pelo ácido aminosalicílico. Depois de ter estado na prateleira durante quarenta anos, o potencial terapêutico da INH foi finalmente concretizado em 1952.[89] Com a disponibilidade destes novos medicamentos, a TB tornou-se uma doença curável. Mais tarde, os ensaios clínicos mostraram que era possível obter resultados terapêuticos favoráveis com o tratamento em ambulatório, o que levou ao encerramento dos sanatórios. Com a introdução da RMP no final da década de 1960, a disponibilidade de regimes de tratamento potentes e bem tolerados suscitou a esperança de uma eventual eliminação da TB. No entanto, o declínio não foi uniforme em todo o mundo desenvolvido, com as taxas de casos entre os não brancos e os pobres urbanos a manterem-se significativamente mais elevadas do que a média. A taxa de mortalidade na Europa e nos EUA diminuiu de 300 para 1-2 por 100.000, enquanto a dos países em desenvolvimento diminuiu muito menos, de 100 para 50 por 100.000.[90]

Décadas depois de a tuberculose se ter tornado uma doença curável em quase todos os casos, o aparecimento de estirpes *de M. tuberculosis* resistentes aos medicamentos mais activos existentes tornou-a novamente uma ameaça significativa para a saúde pública mundial. Mais uma vez, fala-se de formas incuráveis de tuberculose, com o alarme e o medo que isso provoca. Tem havido uma grande preocupação com o aparecimento da TB-MDR, uma vez que não existe tratamento para algumas das TB-MDR, o que suscita grande preocupação quanto à rápida propagação da tuberculose em todo o mundo. Verificou-se que uma maior

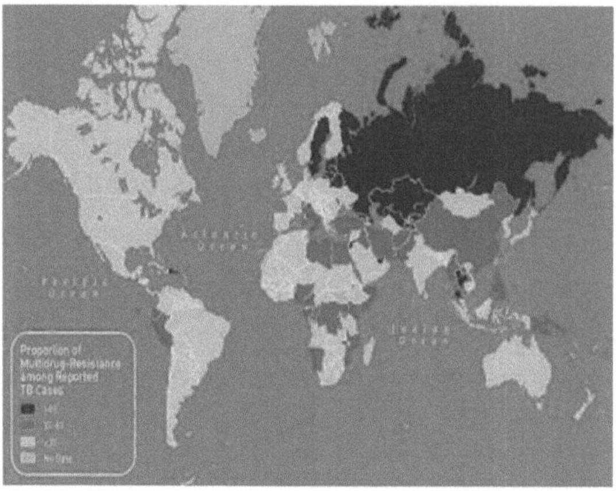

Figure V: Proporção de MDR entre os casos de TB notificados a nível mundial

A prevalência de TB-MDR foi encontrada na China, no Irão e na Europa Oriental.[91,92] No entanto, a estratégia de tratamento, directly observed treatment short course (DOTS) da OMS, só foi eficaz na prevenção de 27% da TB do desenvolvimento de TB-MDR.[92] Por conseguinte, acreditava-se que era urgentemente necessário um controlo adicional, como novos métodos de diagnóstico, medicamentos eficazes e vacinas mais eficazes.

Desde o lançamento do Projeto Global de Vigilância da Resistência aos Medicamentos contra a Tuberculose em 1994, foram sistematicamente recolhidos e analisados dados sobre a resistência aos medicamentos em 127 países, ou seja, 66% dos 193 Estados-Membros da OMS (Figura V).

Estima-se que o número de casos prevalecentes de TB-MDR em muitas partes do mundo seja muito superior ao número de casos incidentes que surgem anualmente. A Índia é um dos países com maior incidência de tuberculose, bem como de tuberculose resistente aos medicamentos. Estima-se que a Índia seja responsável por 64 000 doentes dos 31 000 casos de tuberculose resistente aos medicamentos que se calcula terem ocorrido num ano entre os casos notificados de tuberculose em todo o mundo[94].

Os níveis de TB-MDR continuam a ser preocupantemente elevados em algumas partes do mundo, nomeadamente em países da Europa Oriental e da Ásia Central. Em vários destes países, 9-32% dos novos casos têm TB-MDR e mais de 50% dos casos previamente tratados têm TB-MDR. Nos últimos dois anos, registaram-se progressos na deteção e no tratamento da TB-MDR. A nível mundial, foram notificados quase 60 000 casos de TB-MDR a

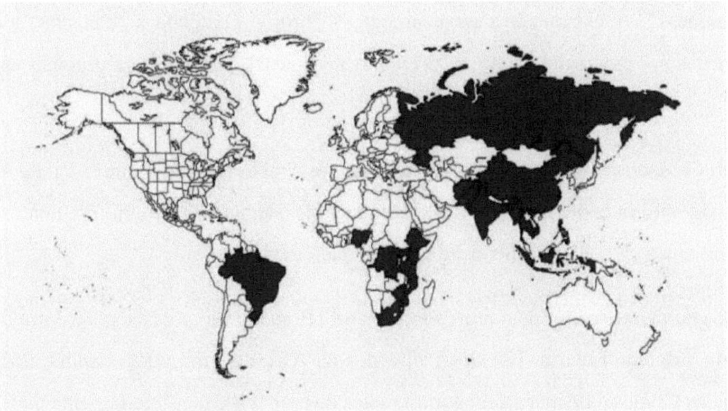

Figure VI: Os países com elevada incidência de tuberculose

OMS em 2011, principalmente por países europeus e pela África do Sul. O número de casos notificados pelos 27 países com elevada incidência de TB-MDR quase duplicou entre 2009 e 2011. Apesar dos progressos, o número de casos de TB-MDR notificados em 2011 representou apenas 19% dos 310 000 casos estimados de TB-MDR entre os doentes com TB pulmonar notificados, e menos de 10% nos dois países com o maior número de casos, a China e a Índia13 (Figura VI).

RESISTÊNCIA AOS MEDICAMENTOS E TUBERCULOSE

Resistência intrínseca e não intrínseca A resistência aos medicamentos nas micobactérias pode ser intrínseca ou não intrínseca. A resistência intrínseca é atribuída principalmente ao invólucro celular multicamada altamente hidrofóbico, que proporciona uma barreira de permeabilidade eficaz[95] e às bombas de efluxo de múltiplos fármacos, especialmente associadas à resistência às fluoroquinolonas, que minimizam a absorção de fármacos.[96] A resistência não intrínseca é classificada como resistência primária (transmitida) ou adquirida (secundária). A resistência adquirida ocorre quando as bactérias susceptíveis se tornam resistentes aos fármacos em resultado de mutações nos genes cromossómicos.[97] A acumulação de mutações em diferentes genes envolvidos na resistência a fármacos individuais resulta no desenvolvimento de estirpes multirresistentes e, na tuberculose, esta situação tem sido atribuída a falhas humanas através do fornecimento irregular de fármacos, de uma terapêutica inadequada e de uma fraca adesão dos doentes ao tratamento.[98] A resistência primária aos fármacos resulta da disseminação ou transmissão de organismos resistentes aos fármacos por uma fonte infetada a outros indivíduos.

FACTORES DE RISCO PARA A MDR-TB

> **Exposição a medicamentos anti-TB.** Todos os inquéritos mundiais sobre medicamentos mostram que a exposição prévia a medicamentos anti-TB é o fator de risco mais comum para a

resistência aos medicamentos.[99] A exposição a medicamentos contra a TB ajuda a selecionar as estirpes mutantes resistentes pré-existentes de *M. tuberculosis* no doente, que passam a dominar as lesões.

> **Infeção pelo VIH.** Os dados mais recentes sugerem uma possível associação entre o VIH e a TB-MDR. A tuberculose multirresistente tem sido amplamente documentada em ambientes nosocomiais e outros ambientes de congregação entre pessoas que vivem com VIH.[100]

> **Género.** Embora os homens predominem entre os casos de TB no mundo, a associação entre o género e a TB-MDR tem sido controversa. Estudos realizados na África do Sul, na Austrália, nos Países Baixos e nos Estados Unidos da América relataram rácios de probabilidades ligeiramente mais elevados entre as mulheres do que entre os homens, enquanto outros estudos não conseguiram encontrar tais associações.[99] Em geral, parece que o risco global de albergar estirpes de TB-MDR não é influenciado pelo género.

DESENVOLVIMENTO DE TUBERCULOSE RESISTENTE A MEDICAMENTOS

Na década de 1940, quando a monoterapia com ácido para-amino salicílico (PAS) ou estreptomicina (S) foi usada como tratamento para a TB, foram observadas altas taxas de insucesso do tratamento, mas foi controlada pela combinação de dois ou mais fármacos.[101] Estudos de genética molecular que datam da década de 1970 mostraram que a resistência aos fármacos anti-TB resultou de mutações que ocorrem naturalmente no genoma do *M. tuberculosis.*[102] Estudos subsequentes demonstraram que, dentro de uma população de *M. tuberculosis*, há mutantes que surgem devido a mutações espontâneas pontuais ou de deleção.[103] Mutações em genes que codificam alvos de drogas ou enzimas ativadoras de drogas são responsáveis pela resistência, e tais mutações foram encontradas para todas as drogas de primeira linha e algumas drogas de segunda linha.[104]

Para um determinado fármaco, os mutantes resistentes ocorrem aproximadamente uma vez em cada 10^7 a 10^{10} células.[105] Por conseguinte, a terapêutica com um fármaco resulta numa rápida seleção dos mutantes resistentes aos fármacos, que irão dominar as lesões no doente. A ocorrência de uma estirpe mutante com resistência a dois fármacos em simultâneo requer uma população teórica de 10^{16} células micobacterianas. Assim, a combinação de dois ou mais fármacos anti-TB reduz eficazmente o risco de seleção de mutantes resistentes numa população predominantemente suscetível de *M. tuberculosis*. De facto, ao combinar PAS e S na década de 1940, a taxa de insucesso do tratamento foi reduzida para 9% [106] Desde então, a quimioterapia combinada continua a ser a pedra angular do tratamento da TB. As estirpes MDR-TB e XDR-TB surgem por acumulação sequencial de mutantes resistentes a medicamentos individuais até a estirpe ser resistente aos medicamentos que definem estas formas de resistência.

Deteção de resistência a medicamentos anti-TB

A capacidade de diagnosticar a TB e de determinar a suscetibilidade aos medicamentos continua a ser um dos maiores obstáculos ao êxito do controlo da TB. Desde a descoberta do bacilo da tuberculose por Robert Koch em 1882, o diagnóstico da TB tem-se baseado na observação microscópica do agente patogénico. A microscopia de esfregaço utiliza um procedimento de coloração baseado na solidez ácida do *M. tuberculosis* para determinar se os BAAR estão presentes numa amostra clínica. Esta técnica, embora simples e pouco dispendiosa, tem uma sensibilidade baixa, uma vez que requer 5000-10000 AFB/ml para ser positiva. Para além disso, não consegue diferenciar entre o complexo *Mycobacterium tuberculosis* e NTM.[107]

Por conseguinte, é necessário efetuar uma cultura de amostras clínicas concentradas e descontaminadas para isolar e identificar *o M. tuberculosis*. A cultura tem a vantagem de ser muito sensível (detecta 10-100 AFB/ml), mas são necessárias até oito semanas para observar um crescimento visível. O processo de identificação tem em conta o crescimento lento e a morfologia da colónia em meio de cultura sólido. A identificação da espécie baseia-se também no perfil metabólico das micobactérias, determinado através de testes bioquímicos. *O M. tuberculosis* caracteriza-se por ter colónias de crescimento lento, não pigmentadas e rugosas, capazes de produzir niacina, reduzir nitrato e utilizar uma catalase termo-lábil.[108]

A determinação dos perfis de suscetibilidade aos fármacos requer geralmente o isolamento primário do *M. tuberculosis*, a fim de padronizar o inóculo a semear em meio de cultura com e sem os fármacos de interesse. Este tipo de DST é conhecido como método indireto. Também é possível inocular diretamente amostras clínicas descontaminadas utilizando métodos diretos de DST. A maioria dos métodos DST convencionais e amplamente utilizados são técnicas indirectas. Os métodos DST podem também ser classificados como fenotípicos ou genotípicos.

Os métodos fenotípicos avaliam a inibição ou deteção do crescimento *do M. tuberculosis* na presença de medicamentos anti-TB para distinguir entre estirpes susceptíveis e resistentes. Estas são as técnicas fenotípicas consideradas como métodos de referência para a DST:

> **Método proporcional**: É um método amplamente utilizado, especialmente em ambientes com recursos limitados (RLS). Utiliza meios sólidos, ágar L-J ou ágar MB, para determinar a proporção de mutantes resistentes a um determinado medicamento. O seu TAT é de 4-6 semanas e pode ser utilizado como método direto ou indireto.[109]

> **Método da concentração absoluta**: A resistência de uma estirpe é expressa em termos da concentração mais baixa de um determinado medicamento que inibe todo ou quase todo o crescimento da estirpe. Trata-se de um método indireto em meios sólidos com um TAT de 4 semanas.

> **Método do rácio de resistência**: Neste método, o isolado clínico desconhecido é comparado com uma estirpe de laboratório padrão suscetível. Também é realizado como um método indireto em meios sólidos, com um TAT de 4 semanas.[109]

> **BACTEC 460 TB**: Trata-se de um sistema líquido comercial semi-automatizado (Becton Dickinson, Sparks, MD) que utiliza a deteção radiométrica de $^{14}CO_2$ como indicador de crescimento. O princípio subjacente ao BACTEC 460TB é o mesmo utilizado no método proporcional. O seu TAT é de 5-7 dias[111].

> **Tubo Indicador de Crescimento Micobacteriano (MGIT)**: O sistema MGIT 960 (Becton Dickinson, Sparks, MD) utiliza um caldo MB 7H9 modificado combinado com um sensor de oxigénio baseado na extinção de fluorescência para detetar o crescimento. O indicador fluoresce sob luz UV se houver crescimento viável. O método pode ser utilizado como uma técnica manual ou automatizada.[112]

Estes métodos fenotípicos convencionais, embora fiáveis e precisos, são demorados, pesados e têm TATs prolongados. O BACTEC 460TB, devido ao facto de utilizar meios líquidos, tem a vantagem de um TAT reduzido. No entanto, é um método dispendioso que exige condições especiais para a gestão dos resíduos radioactivos gerados. Foram desenvolvidos novos métodos automatizados baseados em caldo, como o BACTEC-MGIT960 e o sistema BacT/Alert 3D (bioMeriux, Durham, NC, EUA)[(113)], para substituir o BACTEC460TB. No entanto, o elevado custo relacionado com a aquisição do equipamento e dos consumíveis constitui um importante obstáculo à sua implementação na SLR.

A necessidade de técnicas DST rápidas e económicas para implementação na RLS levou ao desenvolvimento de métodos alternativos, de baixo custo e não comerciais. Com base no seu princípio de deteção de crescimento, os métodos DST não comerciais podem ser classificados da seguinte forma

Métodos colorimétricos: Estes métodos utilizam um indicador de oxidação-redução ou a deteção da redução de nitratos. Por exemplo, o azul de alamar, o sal de tetrazólio 3-(4,5-dimetiltiazol- 2-il)-2,5-difenil brometo de tetrazólio (MTT) e a resazurina têm sido utilizados como indicadores de redox que mudam de cor na presença de micobactérias viáveis no meio.[114] Os ensaios de oxidação-redução utilizam meios líquidos num formato de microplaca, o que permite uma fácil determinação da concentração inibitória mínima. Foram avaliados para a deteção de resistência a medicamentos de primeira e segunda linha, demonstrando uma elevada sensibilidade e especificidade (>95%) em diferentes contextos. Além disso, o seu TAT é comparável ao obtido com sistemas automatizados baseados em caldo.[115]

A ARN baseia-se na capacidade do *M. tuberculosis* para reduzir o nitrato a nitrito, que é detectado como uma mudança de cor após a adição de reagentes químicos comummente disponíveis.[116] A ARN foi inicialmente desenvolvida no Instituto Central de Investigação da Tuberculose em Moscovo, Rússia[117], onde foi chamada de método Griess, em homenagem a J.P Griess, que descobriu a química do método de deteção utilizado.[118]

A NRA demonstrou a sua elevada reprodutibilidade, bem como a sua boa sensibilidade para a deteção de resistência à RIF e à INH (> 94% e 92%, respetivamente).[119] Tem a vantagem de utilizar o meio LJ e as mesmas concentrações de ponto de rutura que o método das proporções (MP), o que pode facilitar a sua implementação em SLR onde o MP já é utilizado. A NRA foi originalmente desenvolvida como um TSA indireto em meio sólido, mas também tem sido utilizada como TSA direto utilizando meios líquidos.[120] O TAT para a NRA indireta é de 10 dias, quando se utiliza meio sólido, e de 5 dias utilizando meios líquidos. Recentemente, também tem sido adaptada para a deteção de medicamentos de segunda linha e de pirazinamida (PZA).[121]

Angeby et al (2002)[116] efectuaram um estudo sobre testes rápidos e pouco dispendiosos de suscetibilidade a medicamentos de *Mycobacterium tuberculosis* com uma ARN em Estocolmo, na Suécia. Verificaram que os testes tradicionais de suscetibilidade aos medicamentos são morosos, como o método de proporção em meios sólidos, ou dispendiosos, como o sistema BACTEC 460. Avaliaram uma nova ARN que depende da capacidade do *M. tuberculosis* para reduzir o nitrato a nitrito. Foi testado um painel de 57 estirpes *de M. tuberculosis* com vários padrões de resistência. As bactérias foram inoculadas em meio LJ, sem fármacos ou com RMP, INH, S, ou etambutol (EMB) e com nitrato de potássio (KNO_3) incorporado. As sensibilidades e especificidades para os fármacos determinadas pelo método NRA em comparação com as determinadas pelo método BACTEC 460 foram de 100 e 100% para RMP, 97 e 96% para INH, 95 e 83% para S e 75 e 98% para EMB, respetivamente. Na maioria dos casos, os resultados estavam disponíveis em 7 dias.

Sethi S et al (2004)[122] efectuaram um estudo sobre a suscetibilidade do *M. tuberculosis* a fármacos antituberculosos primários através do ensaio da nitrato redutase. Cem isolados clínicos de M. *tuberculosis* foram testados em relação a quatro fármacos antituberculosos de primeira linha por NRA e foram comparados com o método de proporção padrão. As bactérias foram inoculadas em meio LJ com fármacos antituberculosos primários e foi incorporado nitrato de potássio. A concordância entre a NRA e o método proporcional foi de 99% para a INH e o EMB. Verificou-se uma concordância total (100%) para a RMP e a estreptomicina. Os resultados foram disponibilizados em 7-14 dias pela NRA, em comparação com o método proporcional que demora 4-6 semanas.

Affolabi D et al (2008)[123] realizaram um estudo sobre a deteção rápida e pouco dispendiosa de *Mycobacterium tuberculosis* multirresistente em Cotonou (Benim) aplicando a NRA utilizando um meio líquido diretamente em amostras de expetoração. Um total de 179 amostras de expetoração foram analisadas por NRA e os resultados foram comparados com os obtidos pelo método de proporção indireta (IPM) como referência padrão. No total, 56% dos resultados foram obtidos em 10 dias pela NRA. Verificaram que existe uma melhoria significativa no tempo de obtenção de resultados em comparação com a NRA efectuada em meios sólidos, mas a taxa de contaminação é frequentemente motivo de grande preocupação quando se utilizam meios líquidos, o que é relativamente limitado devido à utilização da mistura antimicrobiana PANTA.

Shikama ML et al (2008)[124] efectuaram um estudo sobre o estudo multicêntrico do ensaio da nitrato redutase para a deteção rápida de *M. tuberculosis* resistente a RMP. No Estado de São Paulo, Brasil. O desempenho do NRA para a deteção da suscetibilidade *do M. tuberculosis* ao RMP foi avaliado com 210 amostras clínicas de expetoração e comparado com os resultados do método de proporção direta. A sensibilidade e especificidade da NRA para RMP foi de 100%. Os resultados da NRA dos testes de suscetibilidade contra RMP estavam disponíveis em 15 dias para 87% das amostras. Os resultados mostraram que a NRA pode dar uma resposta rápida na determinação da resistência para a maioria das amostras de expetoração com resultados de esfregaço relatados como 3+ e 2+.

Visalakshi P (2010)[125] realizou um estudo sobre a avaliação do ensaio de nitrato redutase para a deteção rápida da resistência a medicamentos de segunda linha em *Mycobacterium tuberculosis* num hospital de cuidados terciários. O estudo avaliou o ARN para a deteção rápida de resistência a 5 medicamentos de segunda linha: canamicina, etionamida, ofloxacina, cicloserina e PAS. Oitenta e seis isolados clínicos multirresistentes de M.*tuberculosis* foram utilizados para comparar a NRA com o método de proporção para a deteção rápida da resistência a medicamentos de segunda linha. A sensibilidade da NRA para diferentes medicamentos variou entre 86,4% e 100%, enquanto a especificidade variou entre 98,4% e 100%. Verificou-se uma excelente concordância entre os dois testes para 63% dos isolados e os resultados estavam disponíveis em 14 dias.

Gupta A *et al* (2010)[126] efectuaram um estudo sobre a avaliação do desempenho da NRA para o teste rápido de suscetibilidade aos medicamentos do *M. tuberculosis* no Norte da Índia**.** 286 isolados foram submetidos ao teste pelo método de proporção (PM) e pelo NRA. Comparando os resultados da NRA com os do padrão-ouro PM, as sensibilidades e especificidades foram de 98,4%, 97%, 88,5% e 94,2% e 100%, 100%, 94% e 99% para RMP, INH, S e EMB, respetivamente. Os valores preditivos positivos foram de 100%, 100%, 95% e 98% para RMP, INH, S e EMB, respetivamente. Os valores negativos foram de 99%, 98%, 87% e 96% para RMP, INH, S e EMB, respetivamente. O tempo médio de obtenção de resultados foi mais curto utilizando a NRA (10 dias) em comparação com a

PM (28 dias). Os resultados demonstraram que a NRA é adequada para a determinação precoce da resistência à INH e à RMP e tem potencial para ser uma ferramenta útil para o teste rápido de sensibilidade aos fármacos do *M. tuberculosis* em ambientes com recursos limitados.

Assim, após uma análise da literatura, foi planeado o presente estudo.

Métodos genotípicos

Os métodos DST genotípicos baseiam-se na deteção de marcadores genéticos relacionados com a resistência fenotípica aos medicamentos. Em geral, trata-se de métodos baseados na reação em cadeia da polimerase (PCR) que visam mutações relacionadas com a resistência bem caracterizadas. Atualmente, existem dois métodos comercialmente disponíveis, 45

técnicas de hibridação em fase sólida, geralmente designadas por ensaios de sonda em linha (LPA). O ensaio INNO-LiPA Rif TB Assay, (Innogenetics, Ghent, Bélgica)[127] e o ensaio GenoType® *MTBDRplus* (Hain Lifesciences, Nehren, Alemanha)[128] demonstraram ter uma elevada sensibilidade para a deteção da resistência aos RIF (>95%). A sensibilidade para a resistência à INH utilizando o GenoType MTBDR plus melhorou, em comparação com a versão anterior deste teste, mas continua a ser variável (70-100%).[129]

Entre outras técnicas utilizadas para a deteção de mutações que conferem resistência, podem mencionar-se a PCR em tempo real, a sequenciação automatizada de ADN [130] e os microarrays.[131] Recentemente, foi desenvolvido um novo sistema automatizado de um só passo para a deteção direta da tuberculose e da resistência às RMP em amostras de expetoração. O sistema Xpert MTB/RIF (Cepheid, Sunnyvale, CA, EUA)[132] foi avaliado num estudo multicêntrico que demonstrou o seu potencial para a deteção rápida e exacta da resistência aos medicamentos na LER.

Em geral, os métodos DST genotípicos oferecem um TAT mais curto do que as alternativas fenotípicas atualmente disponíveis (1-2 dias vs. 1-4 semanas) e podem ser utilizados diretamente em amostras clínicas, mas o custo elevado torna-o, no entanto, a principal desvantagem dos métodos baseados na PCR em tempo real. Atualmente, os custos dos instrumentos e dos reagentes são significativamente mais elevados do que os dos Line Probe Assays ou de outras tecnologias baseadas em matrizes.

PROGRAMA DE CONTROLO DA TUBERCULOSE NA ÍNDIA

O Programa Nacional de Tuberculose está a funcionar desde 1963. Os seus objectivos eram:

A. Objectivos a longo prazo: reduzir a tuberculose na comunidade até ao ponto em que deixe de ser um problema de saúde pública, ou seja

i. Um caso infecta menos de uma nova pessoa por ano.

ii. A prevalência da infeção no grupo etário com menos de 14 anos é reduzida para menos de 1%.

B. Objectivos operacionais ou de curto prazo

i. Detetar o maior número possível de casos de tuberculose entre os pacientes externos que frequentam qualquer instituição de saúde com sintomas sugestivos de tuberculose e tratá-los eficazmente.

ii. Vacinar os recém-nascidos e os bebés com BCG.

iii. Realizar os objectivos acima referidos de uma forma integrada através de todas as instituições de saúde existentes no país.

Programa Nacional Revisto de Controlo da Tuberculose (RNTCP)

Em 1992, o Governo da Índia, juntamente com a OMS e a agência sueca de desenvolvimento internacional (SIDA), analisou a situação da tuberculose no país e chegou às seguintes conclusões

A NTP, embora tecnicamente sólida, sofria de deficiências de gestão.

- Financiamento inadequado.
- Excesso de confiança nos raios X para o diagnóstico.
- Interrupção frequente do fornecimento de medicamentos.
- Baixas taxas de conclusão do tratamento.

Em 1993, a fim de ultrapassar estas lacunas, o Governo da Índia decidiu dar um novo impulso às actividades de controlo da tuberculose através da revitalização do PNT, com a assistência de agências internacionais. O RNTCP, assim formulado, adoptou a estratégia DOTS (Diretly Observed Treatment Short-Course), recomendada internacionalmente, como a abordagem mais sistemática e rentável para revitalizar o programa de controlo da tuberculose na Índia.

Os objectivos do RNTCP são:

1. Atingir uma taxa de cura de, pelo menos, 85% dos casos infecciosos de tuberculose, através de DOTS com a participação de funcionários da saúde periférica.

2. Aumento das actividades de deteção de casos através de uma microscopia de qualidade da expetoração para detetar 70% dos casos estimados[133].

PORQUÊ UM NOVO PLANO MUNDIAL PARA ACABAR COM A TUBERCULOSE[134]

Em 2006, a Stop TB Partnership lançou o Plano Global para Acabar com a TB 2006-2015, cujos objectivos eram duplos: atingir o Objetivo de Desenvolvimento do Milénio das Nações Unidas de travar e começar a inverter a epidemia até 2015 e reduzir para metade as taxas de prevalência e de mortalidade por TB até 2015, em comparação com os níveis de 1990.

Em 2010, a parceria reconheceu a necessidade de elaborar um plano atualizado que tivesse em conta os progressos realizados desde 2006 e as mudanças na política e na epidemiologia da TB.

Reforço do laboratório - inclui uma componente importante.

Investigação fundamental e investigação operacional - incluindo objectivos e metas.

> Quadros estratégicos que definam cada componente principal do plano num formato claro e coerente.

> Projecções epidemiológicas actualizadas.

> Objectivos actualizados para os cuidados da tuberculose e para a investigação e desenvolvimento.

> Requisitos de financiamento actualizados.

OBJECTIVOS E METAS

1. Descobrir o padrão de suscetibilidade da isoniazida (INH) e da rifampicina (RMP) em casos de baciloscopia positiva de tuberculose pulmonar no M.M.I.M.S.R. Mullana.

2. Avaliar a sensibilidade e a especificidade do ensaio da nitrato redutase (NRA) com o método de proporção padrão para o teste de suscetibilidade à INH e à RMP.

MATERIAIS E MÉTODOS

Conceção do estudo

Foi efectuado um estudo transversal de validação do teste na Divisão de Micobacteriologia do Departamento de Microbiologia do MM Institute of Medical Sciences and Research Mullana, Ambala, Haryana.

População do estudo

O estudo foi efectuado em amostras de escarro com baciloscopia positiva de doentes com tuberculose pulmonar, que frequentaram os departamentos de doentes externos (OPD) ou de doentes internos (IPD).

PERÍODO DE ESTUDO - Entre janeiro de 2012 e dezembro de 2012. (Um ano de estudo)

Dimensão da amostra e amostragem

- O estudo foi efectuado num total de 100 amostras de expetoração com esfregaço positivo.
- Os doentes foram selecionados por amostragem aleatória

Critérios de seleção dos doentes

Critérios de inclusão

- Todas as amostras de expetoração com baciloscopia positiva de doentes com tuberculose pulmonar.

Critérios de exclusão

- Casos de suspeita de tuberculose pulmonar com baciloscopia negativa.
- Doentes em tratamento anti-tuberculose.

METODOLOGIA

- **Recolha de amostras**[135]

As amostras de expetoração fresca foram colhidas num recipiente de plástico limpo, estéril e descartável, de boca larga e com tampa de rosca, com uma capacidade de 100 ml. A maioria das amostras de expetoração tinha um volume de 3 a 5 ml. As amostras de expetoração das primeiras horas da manhã foram preferidas pelos doentes, uma vez que contêm uma carga bacilar elevada (Figura VII).

- **Transporte:**

Todos os espécimes foram transportados para o laboratório e processados o mais cedo possível, sem qualquer atraso, a fim de diminuir a taxa de contaminação.

- **Armazenamento**

Após a receção, os espécimes de expetoração foram processados o mais cedo possível; no entanto, se fosse inevitável qualquer atraso, foram refrigerados a 4^0C durante 2 dias.

- Processamento de amostras

Todos os procedimentos, como o processamento de amostras, a preparação de esfregaços, a preparação de inóculos, a diluição de antibióticos, a inoculação de meios e a subcultura, foram efectuados numa cabina de segurança biológica adequada, numa sala dedicada ao trabalho com micobactérias.

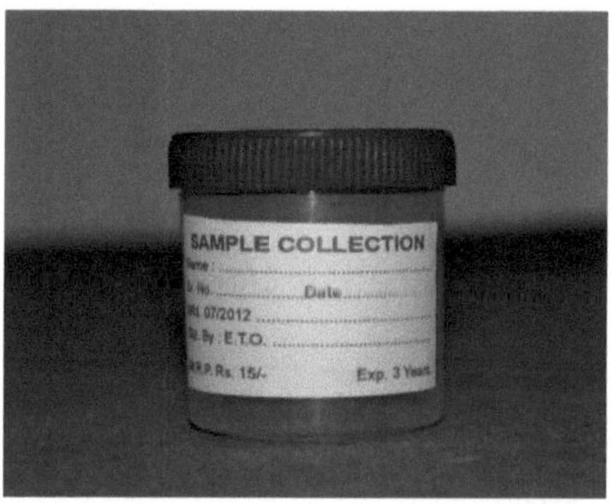

Figure VII: Recipiente esterilizado para recolha de expetoração

- MÉTODO DE RECOLHA DE DADOS- A história clínica foi recolhida dos doentes - Proforma em anexo - (Anexo I).

Foram utilizadas batas de proteção, luvas e máscaras respiratórias adequadas durante o manuseamento de espécimes e culturas de micobactérias.

As amostras de expetoração foram digeridas, descontaminadas pelo procedimento padrão NaOH-NALC[136] e concentradas por centrifugação (Anexo II).

Preparação do esfregaço

Após o processamento, foram feitos esfregaços diretamente a partir das amostras processadas e corados pelo método de Ziehl Neelsen para a coloração de AFB. Os esfregaços de todas as amostras processadas foram preparados antes da inoculação no meio.

a) Colocou-se uma bola cheia da amostra processada numa lâmina de vidro limpa.

b) Preparou-se um esfregaço de cerca de 1½ cm x 1 cm.

c) Deixou-se secar completamente ao ar.

d) O esfregaço foi então fixado pelo calor, passando três a quatro vezes sobre a chama.

e) Todos os esfregaços foram corados pelo método de coloração de Ziehl Neelsen. (Anexo III).

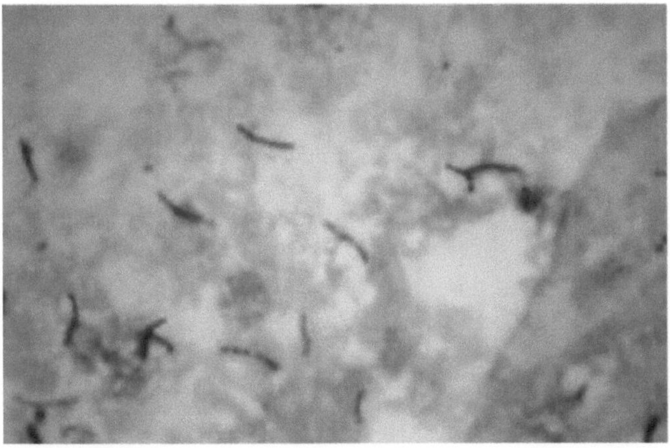

Exame da lâmina

As lâminas foram examinadas sob imersão em óleo a 100X (Nikon E100) e interpretadas de acordo com as diretrizes do RNTCP[137] (Figura VIII).

Figure VIII: **Secção corada com Ziehl-Neelsen.**

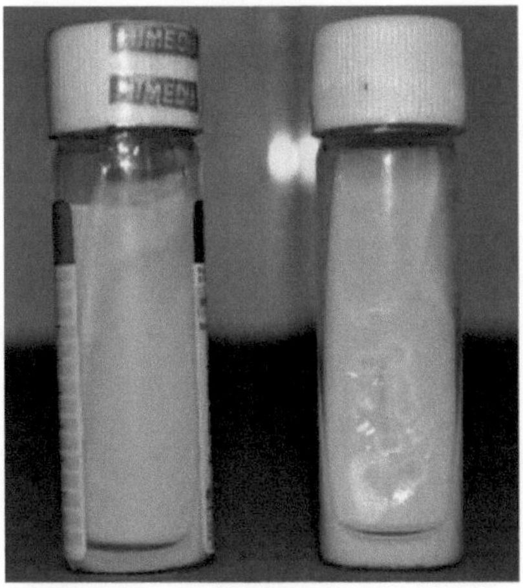

Figure IX: Lowenstein Jensen Media representando

(A) Crescimento

(B) Controlo

MÉTODO CONVENCIONAL (MÉTODO PROPORCIONAL) [122]

1. A amostra processada (0,2 ml) foi inoculada em meio LJ (o meio LJ foi preparado no nosso laboratório e a sua composição é apresentada no Anexo IV) tomando as precauções assépticas necessárias. Os declives foram incubados a 37°C durante um período máximo de 8 semanas e inspeccionados uma vez por semana para verificar o crescimento (Figura IX).

2. A partir do crescimento, foi preparada uma suspensão bacilar diluindo o crescimento com água destilada estéril (ajustada a turvação com o padrão McFarland número 1).

3. A suspensão foi então inoculada em meio LJ com INH (0,2μg/ml) e RMP (2μg/ml) e as lâminas foram incubadas a 37°C.

4. Outra estirpe LJ com a estirpe H37Rv (ATCC 27294) foi inoculado com INH e RMP com a mesma concentração crítica (serviu de controlo de qualidade interno).

5. A primeira leitura foi efectuada após 28 dias e a segunda após 40 dias de incubação, respetivamente.

6. A percentagem de resistência foi calculada como a razão entre o número de colónias nos meios que contêm o medicamento e as colónias nos meios de controlo.

7. Se o rácio for superior a 1 %, o isolado é considerado resistente a estes antibióticos.

Figura X: Exemplos de ensaio da redutase do nitrato.

ENSAIO DA REDUTASE DO NITRATO[123]

- Para cada espécime, foram inoculados 0,5 ml da suspensão descontaminada não diluída em 4,6 ml de meio 7H9-N (Middle Brook) (Anexo V) contendo RMP (Ranbaxy, Mumbai 2,0)LigZml) e outro tubo contendo 4,6 ml de meio 7H9-N com INH (Hi-media, Mumbai 0,2Lg/ml).

- 0,5 ml da diluição 1:10 da amostra em tampão fosfato salino (PBS) foi inoculado em 4,6 ml de meio 7H9-N isento de fármacos, que serviu de controlo de crescimento.

- A estirpe de controlo, ou seja, H37Rv, foi inoculada de forma semelhante no meio 7H9N com a incorporação dos mesmos antibióticos e nitrato de potássio.

- Todos os tubos foram então incubados a 37^{0}C

- Após cinco dias de incubação, adicionou-se 0,2 ml de mistura de reagentes Griess recentemente preparada (Anexo V) a 1 ml de meio isento de fármacos. Os resultados foram classificados como negativos (sem alteração da cor) ou positivos (cor-de-rosa) (Figura X).

- Se se verificasse uma mudança de cor no tubo sem fármaco, eram também testados os tubos com antibiótico (contendo a amostra do doente) e o tubo contendo a estirpe de controlo. Se não houvesse mudança de cor, os tubos eram novamente incubados e o procedimento repetido nos dias 7, 10, 14, 18 e 28.

- Um isolado foi considerado resistente se a alteração de cor no tubo de INH fosse igual ou superior à do tubo de controlo de crescimento diluído a 1:10 e foi considerado suscetível se não houvesse alteração de cor ou se a alteração de cor fosse inferior à do controlo de crescimento diluído a 1:10.

- Para a rifampicina, um isolado foi considerado resistente se houvesse qualquer alteração de cor no tubo RMP, e foi considerado suscetível se não houvesse qualquer alteração de cor no tubo RMP.

- **Confirmação do crescimento**

Os resultados da cultura foram confirmados após exame do esfregaço de ZN preparado a partir do crescimento

- **Testes de contaminação**

Para excluir a contaminação bacteriana, duas gotas de cada suspensão positiva foram inoculadas numa placa de ágar sangue, incubada a 37°C e examinada após 24 horas[123].

- **Controlo de qualidade**: O controlo de qualidade interno foi efectuado utilizando o *M.tuberculosis* H37Rv (ATCC 27294) totalmente suscetível.

Considerações éticas:

O presente estudo foi aprovado pelo Comité de Ética do Maharishi Markandeshwar Institute of

Medical Sciences and Research. A aprovação foi concedida com base no acordo de que o anonimato dos doentes deve ser mantido, de que devem ser asseguradas as boas práticas laboratoriais e o controlo de qualidade e de que todos os resultados devem ser tratados com a máxima confidencialidade e apenas para efeitos desta investigação. Todo o trabalho foi realizado de acordo com as Diretrizes Internacionais para a Experimentação Humana em Investigação Biomédica.[138] Foi obtida a aprovação dos sujeitos através da obtenção do consentimento informado.

Gestão de dados e análise estatística:

Durante a recolha de dados, os questionários preenchidos foram verificados regularmente para retificar qualquer discrepância, erros lógicos ou informação em falta. A introdução de dados foi efectuada utilizando a folha de cálculo Microsoft Office Excel e, em seguida, exportada para um software estatístico e analisada através de testes estatísticos adequados utilizando o Statistical Package for Social Services (SPSS vs 21 for Mac IBM Inc Chicago).

OBSERVAÇÕES

QUADRO I: DETECÇÃO DE ESPÉCIES DE MICOBACTÉRIAS PELA COLORAÇÃO DE ZIEHL-NEELSEN EM DOENTES COM SUSPEITA CLÍNICA DE TUBERCULOSE PULMONAR

NÚMERO TOTAL DE AMOSTRAS	500
TOTAL DE CASOS POSITIVOS	100 (20%)

Tabela I: Apresenta a taxa de espécies de micobactérias detectadas pela coloração de ZN entre os doentes com suspeita clínica de tuberculose pulmonar. 100 (20%) apresentaram resultados positivos de um total de 500 esfregaços processados.

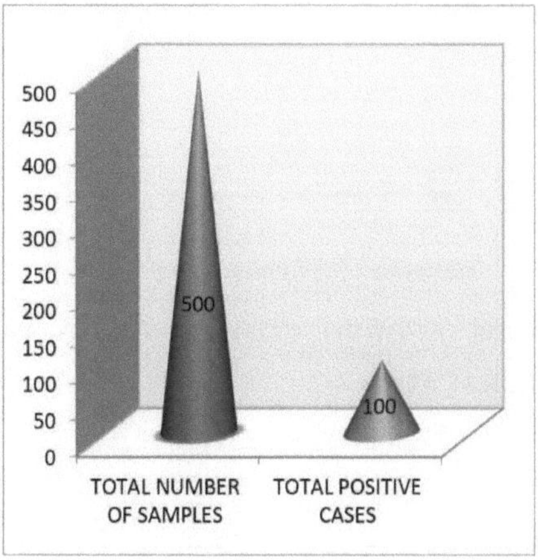

Gráfico I: Deteção de espécies de micobactérias pela coloração de Ziehl-Neelsen em doentes com suspeita clínica de tuberculose pulmonar.

QUADRO II: CORRELAÇÃO DO ASPECTO MACROSCÓPICO DA EXPECTORAÇÃO COM A COLORAÇÃO COM ZN

Exame macroscópico da expetoração	Número N= 500	ZN N=100
Salivar	115 (23%)	11 (9.56%)
Mucoide	205 (41%)	23 (11.21%)
Purulento	170 (34%)	63 (37.05%)

Sangrento	10 (2%)	3 (30%)

Quadro II: A natureza da expetoração teve uma relação definitiva com a positividade do esfregaço. A natureza purulenta teve uma correlação máxima, ou seja, 37,05%, seguida da natureza sanguinolenta, que teve uma correlação de 30% com a do esfregaço.

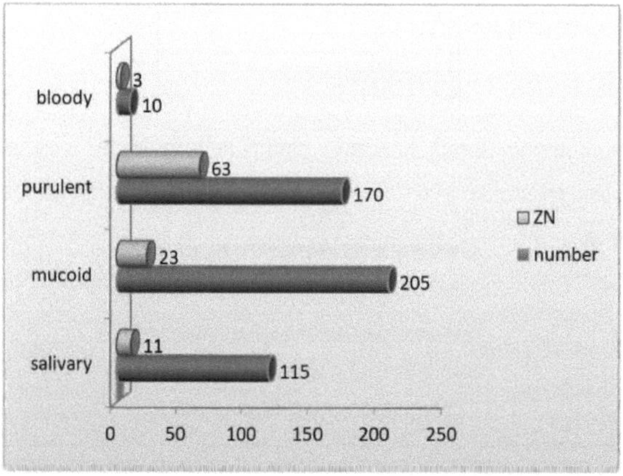

Gráfico II: Correlação do aspeto macroscópico da expetoração com a coloração de ZN

TABELA III: DISTRIBUIÇÃO DOS CASOS DE ACORDO COM OS GRAUS DE MICROSCOPIA DO ESFREGAÇO DE EXPECTORAÇÃO

GRAUS	NÚMERO DE AMOSTRAS	PERCENTAGEM (%)
3+	42	42%
2+	30	30%
1+	19	19%
ESCÂNDALO	9	09%
TOTAL	n=100	100%

Tabela III: Mostra a distribuição dos casos de acordo com o grau de microscopia do esfregaço. Das 100 amostras de esfregaço positivas, 42 (42%) tinham uma classificação de 3+ na microscopia, seguidas de 30 (30%), 19 (19%), 09 (09%) com 2+, 1+ e escassa, respetivamente.

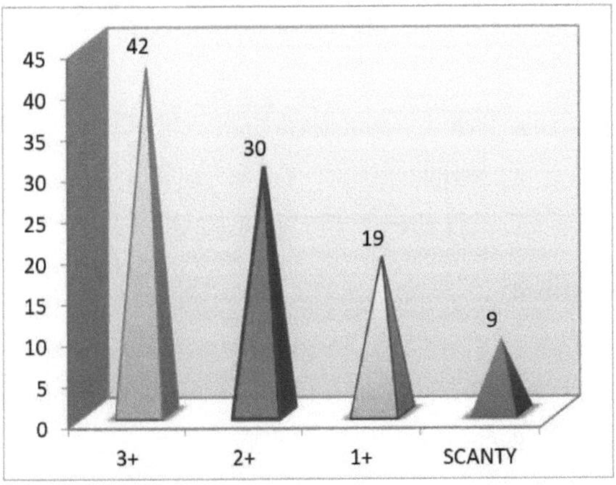

Gráfico III: Distribuição dos casos de acordo com os graus de microscopia do escarro.

TABLE IV: DISTRIBUIÇÃO DOS CASOS DE ACORDO COM O ESTATUTO CULTURAL

Estatuto cultural	Número de casos	Percentagem
Cultura positiva	85	85%
Cultura negativa	15	15%
Total	100	100%

Quadro IV: Dos 100 casos, foram isoladas micobactérias em 85 casos, o que corresponde a uma taxa de isolamento global de 85%.

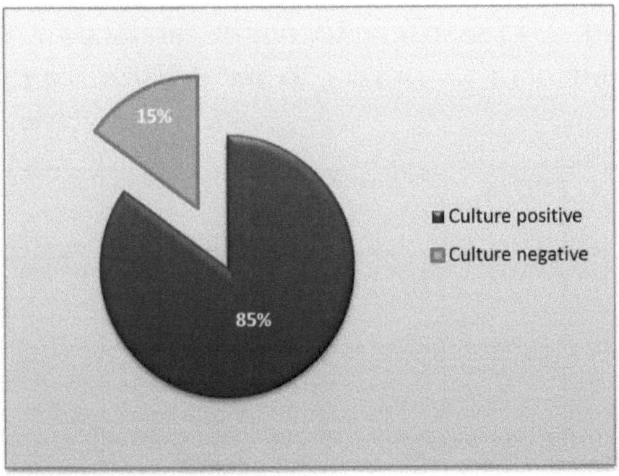

Gráfico IV: Distribuição dos casos segundo o estatuto cultural

TABLE V: ISOLAMENTO DE *MYCOBACTERIUM TUBERCULOSIS* EM MEIOS LJ E NRA (MB7H9)

Total de cultura positiva	LJ media sozinho	NRA (MB7H9) sozinho	Ambos
85	1 (1.17%)	3 (3.52%)	81 (95.29%)

X^2=0,03702, df=1, p=0,8474 (não significativo)

Tabela V: Das 85 amostras positivas para cultura, 81 (95,29%) estirpes de MTB foram isoladas em ambos os meios LJ e MB7H9. Apenas 3 (3,52%) foram isoladas apenas em NRA (MB7H9) e 1 (1,17%) foi isolada exclusivamente em L.J. Valor de p = 0,8474 (não significativo).

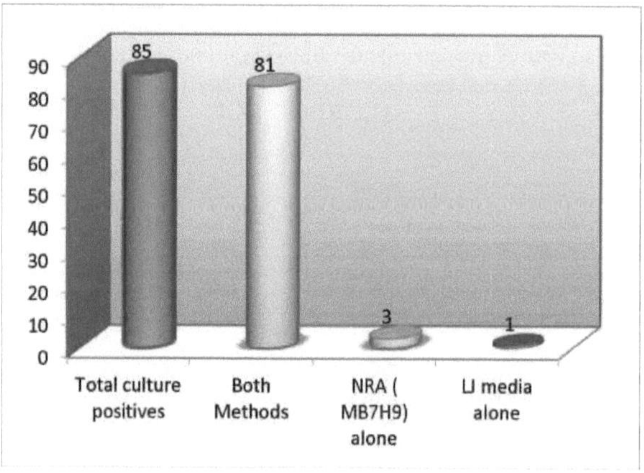

Gráfico V: Isolamento de *Mycobacterium tuberculosis* em meios LJ e NRA (MB7H9)

TABLE VI: CORRELAÇÃO ENTRE A CLASSIFICAÇÃO DOS ESFREGAÇOS E O CRESCIMENTO SEMANAL EM MEIO LJ NA DETECÇÃO DE *MYCOBACTERIUM TUBERCULOSIS*

Esfregaço	Duas semanas	Três semanas	Quatro semanas	Cinco semanas	Seis semanas	Sete semanas	Oito semanas	Total
Escassa (n=9)	Nulo	nulo	Nulo	Nulo	Nulo	nulo	01 (11.11%)	01 (1.21%)
1+ (n=19)	Nulo	Nulo	Nulo	Nulo	02 (10.52%)	06 (31.57%)	02 (10.52%)	10 (12.19%)
2+ (n=30)	03 (10%)	03 (10%)	20 (66.6%)	03 (10.00%)	Nulo	Nulo	Nulo	29 (35.36%)
3+ (n=42)	16 (38.09%)	06 (14.28%)	16 (38.09%)	04 (9.52%)	Nulo	Nulo	Nulo	42 (51.21%)

Total (N=100)	19 (23.17%)	09 (10.97%)	36 (43. 90%)	07 (8.53%)	02 (2.43%)	06 (7.31%)	03 (3.65%)	**82**

Tabela VI: Demonstra que, à medida que a classificação do esfregaço aumenta para 3+ (51,21%), a taxa de isolados aparece mais cedo, ou seja, 4 semanas (43,90%), seguida de 2+ (35,36%), 1+ (12,19%), escassos, que mostraram um crescimento menor (1,21%) e demoraram cerca de 8 semanas.

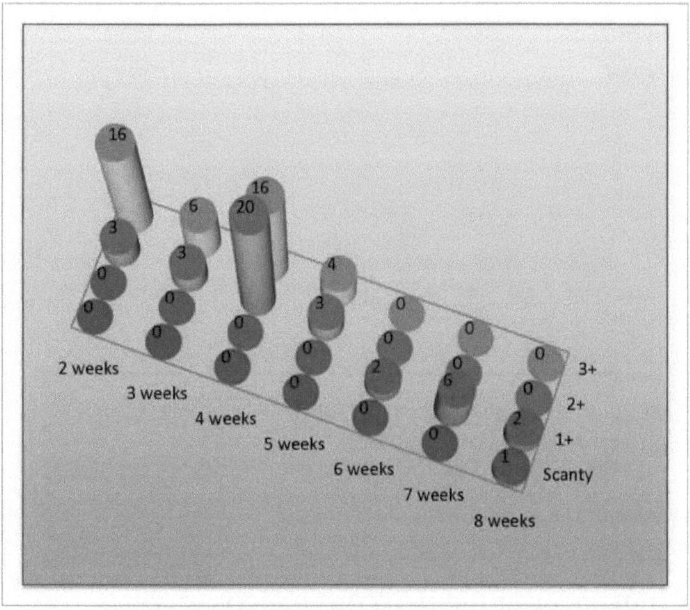

Gráfico VI: Correlação entre a classificação dos esfregaços e o crescimento semanal em meio LJ na deteção de *Mycobacterium tuberculosis*

TABLE VII: CORRELAÇÃO ENTRE A GRADUAÇÃO DO ESFREGAÇO E O NRA NA DETECÇÃO DE *MYCOBACTERIUM TUBERCULOSIS*

Esfregaço	Quinto dia	Sétimo dia	Décimo dia	Décimo quarto dia	Décimo oitavo dia	Vigésimo oitavo dia	Total
Escassa (n=9)	Nulo	Nulo	Nulo	Nulo	01 (11.1%)	Nulo	01 (1.19%)
1+ (n=19)	Nulo	Nulo	02 (10.52%)	07 (36.84%)	03 (15.78%)	Nulo	12 (14.28%)
2+ (n=30)	Nulo	04 (13.33%)	10 (33.33%)	10 (33.33%)	05 (16.66%)	Nulo	29 (34.52%)
3+ (n=42)	1 (2.38%)	10 (23.80%)	20 (47.61%)	09 (21.42%)	02 (4.76%)	Nulo	42 (50.00%)
Total (N=100)	1 (1.19%)	14 (16.6%)	32 (38.09%)	26 (30.95%)	11 (13.09%)	Nulo	**84**

Tabela VII: Demonstra que, no que respeita ao crescimento na ARN e à classificação do esfregaço, os resultados máximos foram obtidos no décimo dia (38,09 %) e com grau 3+ (50,00%).

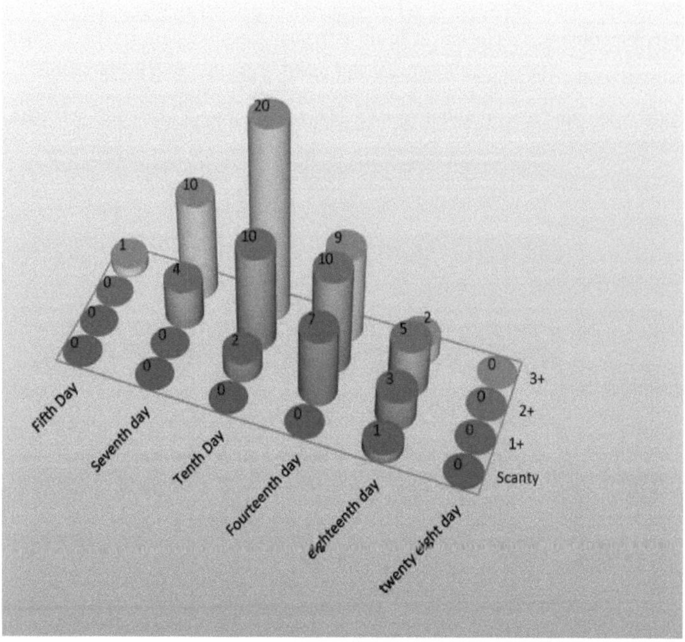

Gráfico VII: Correlação entre a classificação do esfregaço e a ARN na deteção de *Mycobacterium tuberculosis*

QUADRO VIII: TEMPO MÉDIO DE DETECÇÃO (TTD) DE MICOBACTÉRIAS POR NRA (MB7H9) E MÉTODO PROPORCIONAL (LJ MEDIUM)

Tempo	NRA (MB7H9)	Proporção de meios (LJ Medium)
TTD médio (dias)	10 dias	28 dias

Quadro VIII: Apresenta o tempo médio de deteção (TTD) de 10 dias por NRA utilizando MB7H9 e de 28 dias por método proporcional (LJ Medium).

TABLE IX: VARIAÇÃO MENSAL DA TAXA DE CONTAMINAÇÃO DOS MEIOS DE CULTURA

Meses	Meios de cultura	
	LJ Médio	MB7H9

janeiro-fevereiro	Nulo	Nulo
março-abril	1%	1%
maio-junho	5%	3%
Jul-Ago	1%	1%
setembro-outubro	1%	1%
Nov-Dez	Nulo	Nulo
Taxa de contaminação global	8%	6%

TABLE X: COMPARAÇÃO DO LJ E DO MB7H9 NO QUE RESPEITA À TAXA E À NATUREZA DA CONTAMINAÇÃO

BACTÉRIAS	**CULTURA MEDIA**	
	LJ MEDIA	**MB7H9**
Cocos Gram positivos	**2**	**2**
Bacilos Gram-negativos	**1**	**4**
Bacilos Gram positivos	**5**	**0**
Total	**8**	**6**
Percentagem (%)	**8**	**6**

Quadro X: No meio LJ, dos 8 contaminantes, 2 eram cocos gram positivos, 1 era bacilo gram negativo e 5 eram bacilos gram positivos. Dos seis contaminantes no MB7H9, 2 eram cocos gram positivos e 4 eram bacilos gram negativos.

TABLE XI: DISTRIBUIÇÃO DAS ESTIRPES *DE MYCOBACTERIUM TUBERCULOSIS* EM FUNÇÃO DO PERFIL DE SUSCEPTIBILIDADE

(Dados do método proporcional)

Perfil do medicamento	Amostra (n=81)	Percentagem
Suscetível tanto à INH como à RMP	70	86.41%
Suscetível a RMP e resistência à INH	05	6.17%

Suscetível à INH e Resistência à RMP	04	4.93%
Resistência à INH e à RMP	02	2.46%

Tabela XI: Mostra que, das 81 estirpes de Mycobacterium submetidas a testes de suscetibilidade a fármacos antimicrobianos para INH e RMP, 70 (86,41%) eram sensíveis tanto a INH como a RMP. 5 (6,17%) mostraram resistência apenas à INH e 4 (4,93%) mostraram resistência à RMP, enquanto 2 (2,46%) foram resistentes a ambas (Figura XII).

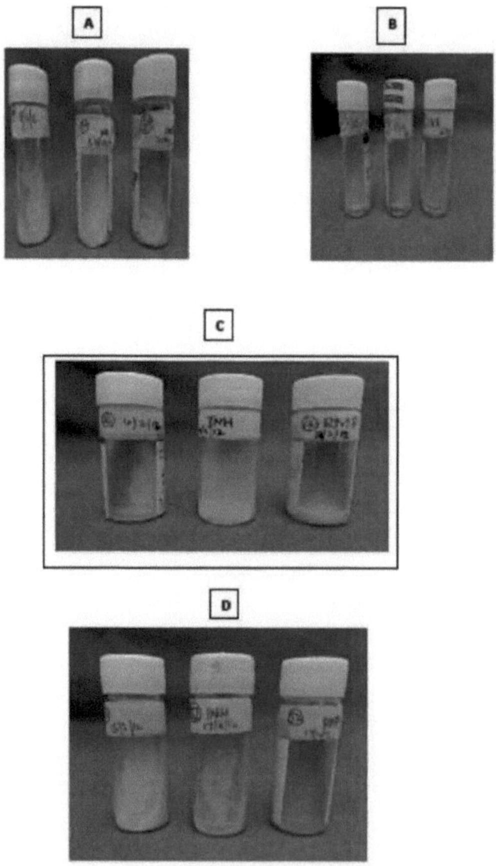

Figure XII: PROPORTION METHOD (A.):Strain resistant to both INH and RMP. (B): Strain resistant to RMP and susceptible to INH. (C): Strain susceptible to both. (D): Strain resistant to INH and susceptible to RMP.

TABLE XII: DISTRIBUIÇÃO DAS ESTIRPES *DE MYCOBACTERIUM TUBERCULOSIS*

PARA PERFIL DE SUSCEPTIBILIDADE

(Dados do método NRA)

Perfil do medicamento	Amostra (n=81)	Percentagem
Suscetível tanto à INH como à RMP	67	82.71%
Suscetível a RMP e resistência à INH	06	7.40%
Suscetível à INH e resistente à RMP	06	7.40%
Resistência à INH e à RMP	02	2.46%

Tabela XII: Revela que das 81 estirpes de Mycobacterium que foram submetidas a testes de suscetibilidade a fármacos antimicrobianos para INH e RMP; 67 (82,71%) foram sensíveis tanto a INH como a RMP, enquanto 6 (7,40%) se mostraram resistentes apenas a INH e 6 (7,40%) se mostraram resistentes apenas a RMP, enquanto 2 (2,46%) foram resistentes a ambos (Figura XIII).

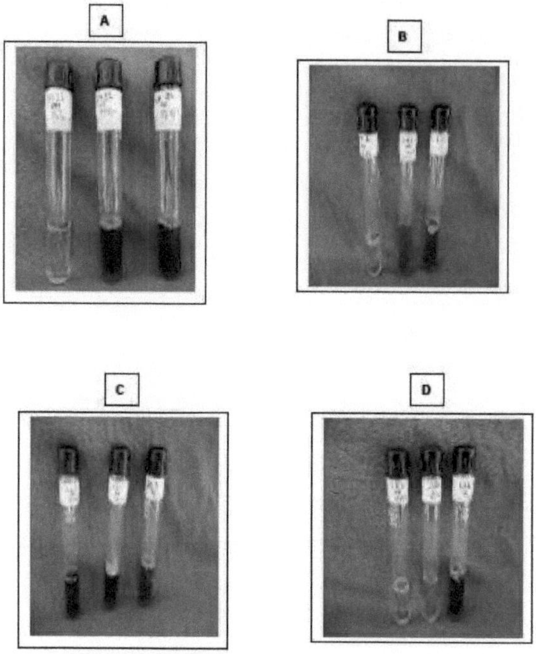

Figure XIII: NRA Results: (A) INH susceptible RMP resistant. (B) INH resistant RMP susceptible. (C): Resistant to both. (D) Susceptible to both.

QUADRO XIII: COMPARAÇÃO DA EXACTIDÃO DIAGNÓSTICA DO MÉTODO DE PROPORÇÃO CONVENCIONAL E DO ENSAIO DA NITRATO REDUTASE

Perfil do medicamento ·NRA	*Resultados dos testes de suscetibilidade aos medicamentos		Ensaio da redutase do nitrato				
ISONIAZIDA Resistência	**Resistência**	**Suscetibilidade**	**Sensibilidade (%)**	**Especificidade (%)**	**Valor preditivo positivo (%)**	**Valor preditivo negativo (%)**	**Exatidão (%)**

	7	1	100	98.64	87.50	100	98.76
Suscetível	0	73					
RIFAMPICINA Resistência	6	2	100	97.33	75.0	100	97.53
Suscetível	0	73					

*PM **INH-S=74** **RMP-S=75** +**NRA** **INH S= 73** **RMP S=73**

INH-R=7 **RMP-R=6** **INH R= 8** **RMP R=8**

Para INH **x^2= 69,92, df= 1, p< 0,0001 (altamente significativo).**

Para RMP **x^2= 59,13, df= 1, p< 0,0001 (altamente significativo).**

Tabela XIII: Mostra a comparação dos resultados dos testes de suscetibilidade a medicamentos de 81 estirpes de *Mycobacterium tuberculosis* por PM e NRA. Para a INH, o método proporcional detectou 7 estirpes resistentes e 74 estirpes susceptíveis. Enquanto a NRA detectou 8 estirpes resistentes e 73 estirpes susceptíveis. Foi obtido 1 resultado falso-negativo com a NRA. No caso da RIF, foram detectadas 6 e 75 estirpes resistentes e susceptíveis, respetivamente, através do método proporcional, enquanto 8 e 73 eram resistentes e susceptíveis, respetivamente, através do método NRA. Foram obtidos dois (2) resultados falso-negativos com o método NRA. A sensibilidade, a especificidade, o VPP, o VAL e a exatidão da NRA em comparação com a PM para a INH foram de 100%, 98,64%, 87,50%, 100% e 98,76%, respetivamente. A sensibilidade, a especificidade, o VPP, o VAL e a exatidão da NRA em comparação com a PM para a RMP foram de 100%, 97,33%, 75,00%, 100% e 97,53%, respetivamente.

QUADRO XIV: SINTOMATOLOGIA DOS DOENTES COM BACILOSCOPIA POSITIVA DE TUBERCULOSE PULMONAR

SINTOMAS	N	PERCENTAGEM (%)
Tosse	90	90%
Febre	80	80%
Perda de apetite	39	39%
Perda de peso	60	60%

Suor noturno	68	68%
Dor no peito	45	45%
Hemoptise	20	20%

Tabela XIV: Mostra que a tosse foi o sintoma de apresentação mais comum (90%), seguida de febre (80%) e suores noturnos (68%), o sintoma clínico menos comum observado no presente estudo foi hemoptise (20%).

DISCUSSÃO

O "capitão de todos os homens da morte", a tuberculose tem sido um flagelo da humanidade desde tempos imemoriais. Até à data, nenhuma outra doença na história iguala a magnitude da miséria infligida pela tuberculose à raça humana em termos de morbilidade e mortalidade.[139] Entre os 8,8 milhões de casos incidentes de tuberculose, estima-se que 3,6% tenham tuberculose multirresistente por ano a nível mundial, e entre os 12 milhões de casos prevalecentes de tuberculose no mundo, estima-se que 650000 sejam casos de tuberculose multirresistente.[140] Além disso, 58 países notificaram pelo menos um caso de TB-MDR em março de 2010, e estima-se que cerca de 5,4% dos casos de TB-MDR tenham TB-XDR. De acordo com a OMS, quase 50 % do fardo mundial de casos de TB-MDR situa-se na Índia e na China.[99] A tuberculose é uma das primeiras doenças oportunistas a desenvolver-se entre as pessoas infectadas pelo VIH, e a infeção pelo VIH é o fator de risco mais importante para a progressão da TB de infeção para doença, com 21-34 vezes mais probabilidades de desenvolver a doença em comparação com as pessoas seronegativas. A nível mundial, pouco mais de uma em cada dez das quase 9 milhões de pessoas que desenvolvem TB todos os anos são seropositivas, o que equivale a 1,1 milhões de novos casos de TB entre as pessoas que vivem com o VIH.[140] Na Índia, embora a resistência aos medicamentos na TB tenha sido frequentemente comunicada, a maior parte da informação disponível é localizada, incompleta ou incompleta, e a maioria dos estudos utilizou metodologias não normalizadas para avaliar a resistência aos medicamentos.[141] Um inquérito de base populacional em grande escala nos estados de Gujarat e Maharashtra indicou níveis de resistência a vários medicamentos de <3% entre os novos casos de TB e de 12-18% entre os doentes de TB previamente tratados.[142].

A incidência global de casos de TB-MDR está a aumentar de forma constante, apesar da implementação da terapia DOTS na maioria dos países. Este aumento é em grande parte atribuído à má gestão do programa DOTS e à incapacidade de diagnosticar rapidamente a resistência aos medicamentos. Atualmente, os testes de suscetibilidade aos fármacos baseiam-se em grande medida na cultura, o que é dificultado pelos longos tempos de execução, pelo equipamento dispendioso, pelos elevados custos dos reagentes e pela necessidade de pessoal qualificado e de instalações de biossegurança extensas. Por conseguinte, é essencial desenvolver diagnósticos melhorados que sejam simultaneamente económicos e rápidos. O presente estudo, que, tanto quanto sabemos, é o primeiro do género na Índia, foi realizado com a aplicação da NRA diretamente a amostras de escarro utilizando um meio líquido para a deteção rápida da resistência *do M. tuberculosis* à RMP e à INH.

O presente estudo foi realizado em 100 amostras de escarro com baciloscopia positiva, detectadas a partir de 500 amostras de doentes com suspeita clínica de tuberculose pulmonar. As amostras foram recebidas de diferentes enfermarias e consultas médicas do hospital MMIMSR de Mullana, que é a primeira faculdade de medicina autofinanciada em Haryana, durante o ano de 2012, e foram processadas no Departamento de Microbiologia.

A positividade do esfregaço pela coloração ZN varia de região para região. **Goyal *et al* (2013)**[143] no seu estudo em 388 casos de suspeita de tuberculose pulmonar encontraram 7,47%. Bacilos álcool-ácido rápidos (BAAR) pelo método de coloração de ZN, o que foi inferior. No presente estudo, foram detectados 20% de casos de tuberculose pelo método de coloração ZN (**Quadro I**), o que está de acordo com o estudo realizado por **Desai *et al.* (2009)**[144] que observou uma taxa de positividade da baciloscopia de 19,88% em casos pulmonares. A razão para uma positividade mais elevada no presente estudo pode ser atribuída ao facto de a aldeia perto da área de estudo ser muito povoada e de existirem alguns locais sagrados à sua volta, o que faz com que o fluxo de pessoas se mantenha ao longo de todo o ano, causando escassez de alimentos nutritivos.

O aspeto grosseiro da expetoração está associado à positividade do esfregaço. No presente estudo, embora o número máximo de amostras de expetoração fosse mucoide (41%), seguido de purulenta (34%), salivar (23%) e sanguinolenta (2%), a expetoração purulenta produziu a percentagem mais elevada (37,05%) e a salivar a mais baixa (9,56%) no que diz respeito à positividade do esfregaço. Isto está em concordância com os resultados apresentados por **Yoon *et al* (2012)**[(71)], ou seja, salivar-22%, mucoide-42,3%, purulenta-33,3% e sanguinolenta- 2,4% e a expetoração salivar apresentou a menor positividade do esfregaço (17,6%), o que pode ser explicado pelo facto de a purulência se dever a uma infeção, pelo que a natureza purulenta da expetoração produziu a maior positividade do esfregaço (**Tabela II).**

A classificação dos esfregaços dá uma ideia da carga bacteriana. Depende de vários factores, como a hora da colheita, o número de amostras colhidas, a natureza das amostras, o tratamento com medicamentos antituberculosos e a sua duração.

Num estudo realizado por **Naveen *et al*** [(145)], de 168 doentes com esfregaço positivo, 30,35% tinham 1 (+) na microscopia de esfregaço, enquanto 47,02% tinham 2 (+) e os restantes 22,61% tinham 3 (+).Em contraste, o número de amostras no presente estudo, de acordo com o grau de microscopia de esfregaço por coloração ZN, mostrou resultados mais elevados para 3+ (42%) e mais baixos para escassos (09%) **(Quadro III)**, o que está de acordo com o estudo efectuado por **EL-Sony *et al*** [69], que observou que 58,8% das amostras eram de grau 3+ e 8,8% de grau 1+. Os doentes que estavam a tomar medicamentos antituberculosos foram excluídos do presente estudo.

Embora a coloração com ZN seja fácil de executar e seja um método económico, pode apresentar resultados falsos positivos. Mesmo as bactérias mortas podem levar à positividade do esfregaço. Assim, para provar que o doente sofre realmente de tuberculose pulmonar, os investigadores optam pela cultura, mantendo assim a integridade do facto de que, até à data, o crescimento em meio LJ é considerado o padrão de ouro para o diagnóstico do MTB.

No presente estudo, a taxa global de isolamento foi de 85% **(quadro IV).** A positividade global da cultura registada nos casos de TB pulmonar apresenta grandes variações.

O gráfico seguinte mostra os pormenores

Não.	Autor, Ano	Taxa de isolamento (%)	Tamanho da amostra
1	AKTOGU S (1996)	76	3916
2	Malhotra B (2002)	76.2	164
3	Damale A. S. (1986)	78.8	208
4.	Aparna S (2006)	80	175

A taxa de isolamento do presente estudo foi de 85%, o que é comparável à relatada por **Aktogu *et al***[48] **Malhotra *et al***[146] ***e*** **Damle *et al***[147] **Aparna *Set al*** [148] Estes estudos relataram doentes com esfregaço positivo na Índia e o de Aktogu na Turquia.

O diagnóstico precoce da tuberculose e da resistência aos medicamentos melhora a sobrevivência e, ao identificar os casos infecciosos, promove o rastreio dos contactos, a implementação de procedimentos institucionais de infeção cruzada e outras acções de saúde pública. Registaram-se muitos avanços na metodologia de diagnóstico da TB. A cultura de *Mycobacterium tuberculosis* representa o "padrão de ouro" mais próximo para o diagnóstico da TB.

No presente estudo, dos 85 isolados de *Mycobacterium tuberculosis*, 81 (95,29%) foram isolados tanto em LJ como em MB7H9 **(Quadro V).**

Os resultados do presente estudo são comparáveis aos de **Bhargava A**[149] e **Aparna *et al***[148] que registaram uma taxa de positividade da cultura de 90,8% e 80% em meio L.J., respetivamente.

Affolabi *et al* [123] observaram uma taxa de isolamento de 80% utilizando um meio líquido em NRA. No presente estudo, foram detectados 3 isolados exclusivamente em MB7H9. **Bhargava *et al*** [149] 1 caso exclusivamente em MB7H9, enquanto **Martin *et al*** [150] também registaram 3 isolados exclusivamente neste meio. No presente estudo, apenas 1 caso foi detectado exclusivamente por L.J. A combinação de LJ e NRA (MB7H9) proporcionou uma taxa de isolamento de 100%. Do mesmo modo, no estudo efectuado por **Bhargava *et al*** [149], a utilização do caldo MB7H9 juntamente com o LJ aumentou o isolamento global de *Mycobacterium tuberculosis* de 90,8% para 95,4%.

Para a recuperação máxima de *Mycobacterium tuberculosis*, os laboratórios de todo o mundo utilizam uma combinação de um ou dois meios sólidos e um meio líquido. A combinação de dois ou mais meios aumenta as hipóteses de recuperação e, por conseguinte, aumenta a taxa global de isolamento, o que foi uma caraterística do presente estudo.

Uma correlação significativa da carga bacteriana com a taxa de isolamento de micobactérias no presente estudo foi estabelecida pelo facto de que, quanto maior o grau de esfregaço 3+, mais cedo seria o crescimento no meio L.J (4 semanas), o que está em concordância com o estudo de **Aparna *et al* (2006)** [148], onde observaram que a expetoração com esfregaços de grau mais elevado cresceu no prazo de 4 semanas, ao passo que a expetoração com grau escasso cresceu após seis semanas. Quanto maior a quantidade de bacilos, menor o tempo necessário para o crescimento aparecer **(Tabela VI).**

Embora estejam a ser desenvolvidos muitos diagnósticos novos e promissores para a TB, a utilização alargada da cultura de TB pode ter um impacto imediato nas taxas de TB em países com elevada incidência. Apesar da sua utilização de rotina em todo o mundo desenvolvido, a cultura da TB continua indisponível na maioria dos países com elevada incidência da doença, em grande parte devido às despesas e aos requisitos em termos de infra-estruturas. No entanto, alguns países com elevada incidência desenvolveram atualmente capacidades laboratoriais para realizar culturas de TB utilizando meios líquidos. Foram envidados esforços significativos para continuar a desenvolver métodos fenotípicos simples e alternativos, como a NRA, que foi aprovada pela OMS e pode ser realizada diretamente em amostras. No presente estudo, os resultados da NRA estavam disponíveis no quinto dia para uma amostra, no sétimo dia para 14 (16,6%). 32 (38,09%) no décimo dia e 26 (30,95%) no 14º dia e 11 (13,09%) espécimes no 18º dia. Assim, 55,88% dos resultados estavam disponíveis em 10 dias. **(Tabela VII)**

O presente estudo está de acordo com o estudo efectuado por **Affolabi *et al***[123] que observou que os resultados da ARN estavam disponíveis para um espécime no dia 5, 24 espécimes (17%) no dia 7, 56 espécimes (39%) no dia 10, 41 espécimes (28%) no dia 14 e 22 espécimes no dia 18. No seu estudo, 56% dos resultados estavam disponíveis em 10 dias.

Outro estudo de **Gupta *et al* (2011)**[151] foi efectuado com 286 isolados clínicos de Mycobacterium tuberculosis, tendo sido obtidos resultados de 107 (37,41%), 138 (48,25%) e 41 (14,33%) isolados após 7, 10 e 14 dias, respetivamente.

O presente estudo é apoiado por **Affolabi *et al* (2008)**[123] para a ARN, em que o tempo médio de deteção do crescimento micobacteriano foi de 10 dias pela ARN e de 28 dias pelo método proporcional. Os resultados de **Angeby *et al* (2002)** [116] e **Gupta *et al*** [151] foram obtidos, na maioria dos casos, em 7 e 10 dias com a NRA e em 28 dias com o método da proporção, respetivamente, o que reflecte que a NRA, utilizando um meio líquido, consome menos tempo e dá resultados mais rápidos do que o método da proporção, o que é benéfico para o doente, que pode ser tratado precocemente. **(Quadro VIII)**

Foram observadas taxas de contaminação sazonais, mais elevadas no verão do que no inverno. A razão possível seria que as condições climáticas nesta região do país são quentes nos meses de maio, junho e julho e o transporte também foi atrasado em alguns espécimes, permitindo assim o crescimento excessivo dos contaminantes.

A taxa de contaminação mais elevada é a principal desvantagem de um meio de cultura líquido (MB7H9), mas, curiosamente, a taxa de contaminação foi inferior (6%) em comparação com o meio LJ (8%). Está em concordância com o estudo realizado por **Mahadev *et al*** (2001)[152] e **Lee JJ *et al*** (2010)[153] em que as taxas de contaminação comunicadas pelo método convencional foram de 6,8% e 10,1%, respetivamente. **(Quadro IX)**

A taxa de contaminação é uma grande preocupação quando se utiliza um meio líquido; a taxa de contaminação foi no entanto relativamente limitada no presente estudo (6%) devido à utilização da mistura antimicrobiana PANTA. Este resultado está de acordo com o estudo realizado por **Affolabi (2008)**[123] que observou uma taxa de contaminação de 7,6% quando a ARN direta foi realizada no meio líquido. Os principais contaminantes observados no meio LJ foram bacilos Gram positivos, enquanto os bacilos Gram negativos constituíram 4% da contaminação no meio líquido, o que sugere a necessidade de um manuseamento cuidadoso durante o processamento e a microscopia **(Quadro X)**.

A possível razão para a redução significativa da taxa de contaminação pode ser a utilização do método de hidróxido de sódio de N-acetilcisteína (NALC-NaOH) e a adição da mistura de antibióticos PANTA.

Embora estejam disponíveis há décadas medicamentos anti-tuberculose eficazes, a tuberculose continua a ser um problema grave. A resistência aos fármacos, resultado do incumprimento da ingestão de medicamentos, tem sido conhecida como a limitação mais significativa para o êxito do tratamento da TB. A recente emergência de uma resistência extensiva aos medicamentos aumentou consideravelmente a importância dos testes rápidos de suscetibilidade das estirpes *de Mycobacterium tuberculosis*. Os métodos atualmente utilizados nos testes de suscetibilidade são lentos, resultando em atrasos que dificultam a administração atempada do tratamento adequado. Este é um dos aspectos mais importantes que contribuem para a transmissão da TB, incluindo os surtos de MDR e, mais especificamente, de XDR-TB.

Das 81 estirpes de Mycobacterium que foram submetidas a testes de suscetibilidade a fármacos antimicrobianos para INH e RMP, 70 (86,41%) eram sensíveis tanto a INH como a RMP. 5 (6,17%) mostraram resistência apenas à INH e 4 (4,93%) mostraram resistência à RMP, enquanto 2 (2,46%) foram resistentes a ambas pelo método proporcional.

A prevalência da TB-MDR variou de 0,14 a 5,3% em diferentes partes da Índia. Os resultados estavam em consonância com as observações do presente estudo. **Sethi *et al* (2013)**[154] registaram a presença de TB-MDR em 9,9 % dos novos casos diagnosticados, enquanto **Maurya *et al* (2013)**[155], num estudo, concluíram que 29,1 % dos novos casos eram de TB-MDR. Mas estes incluíram casos seropositivos para o VIH, o que pode explicar uma prevalência tão elevada de TB-MDR entre os novos casos de TB **(quadro XI)**.

Embora o tratamento anterior para a TB seja o fator de risco mais forte para o desenvolvimento de TB-MDR, os doentes que não receberam tratamento também estão em risco devido à mutação espontânea ou à transmissão de estirpes resistentes. O risco de transmissão de estirpes resistentes a partir de contactos próximos está a aumentar de dia para dia devido ao fardo crescente de doentes com TB-MDR. Por conseguinte, no cenário atual, existe uma grande probabilidade de que aquilo que inicialmente parece ser TB sensível aos medicamentos num doente sem tratamento possa, de facto, ser TB-MDR desde o início.

No presente estudo, das 81 estirpes de Mycobacterium que foram submetidas a testes de suscetibilidade a fármacos antimicrobianos para INH e RMP por NRA, 67 (82,71%) eram sensíveis tanto à INH como à RMP, , enquanto 6 (7,40%) se mostraram resistentes apenas à INH e 6 (7,40%) se mostraram resistentes apenas à RMP, enquanto 2 (2,46%) eram resistentes a ambas **(Quadro XII)**.

No presente estudo, procedeu-se à comparação dos resultados dos testes de suscetibilidade a medicamentos de 81 estirpes de *Mycobacterium tuberculosis* por PM e NRA. Para a INH, o método de proporção detectou 7 estirpes resistentes e 74 estirpes susceptíveis. Enquanto a NRA detectou 8 estirpes resistentes e 73 estirpes susceptíveis. Foi obtido 1 resultado falso-negativo com a NRA. Para o RMP, foram detectadas 6 e 75 estirpes resistentes e susceptíveis, respetivamente, através do método de proporção, enquanto 8 e 73 eram resistentes e susceptíveis, respetivamente, através do método NRA. Foram obtidos dois (2) resultados falso-negativos com o método NRA. A sensibilidade, a especificidade, o VPP, o VAL e a exatidão da NRA em comparação com a PM para a INH foram de 100%, 98,64%, 87,50%, 100% e 98,76%, respetivamente. A sensibilidade, a especificidade, o VPP, o VAL e a exatidão da NRA em comparação com a PM para a RMP foram de 100%, 97,33%, 75,00%, 100% e 97,53%, respetivamente **(quadro XIII)**.

O presente estudo está em total concordância com os estudos publicados abaixo mencionados que utilizam o ensaio direto da nitrato redutase para o teste de suscetibilidade do *M. tuberculosis aos medicamentos.*[156]

Estudo	**País**	**N.º de amostras/meios**	**Antibióticos**	**Sensibilidade**	**Especificidade**

Musa et al (2005)	Argentina	121/sólido	RMP, INH, S e EMB	100, 93,76,55, respetivamente	100,100, 100, 99.
Solis et al (2005)	Peru	192/sólido	INH,RMP	99,1 e 93,5	100 e 100.
Affolabi et al (2007)	Benim	213/sólido	RMP	87.5	100
Affolabi et al (2008)	Benim	144/liquido	INH, RMP	100, 100	99.2, 99.3
Mishra et al (2009)	Índia	32/sólido	INH, RMP	100, 100	100, 100
Visalakshi et al (2009)	Índia	108/sólido	INH,RMP	100, 100	93.75, 100
Shikama et al (2009)	Brasil	210/sólido	PGR	100,	100
Bwanga et al (2009)	Suécia	64/sólido	RMP, INH	99, 94	100, 100.
Gupta A et al (2010)	Índia	55/sólido	RMP, INH, S, EMB	100, 100, 95,100.	100, 93, 96, 100.
Gupta M et al (2010)	Índia	100/liquido	RMP, INH, S, EMB	100, 98, 96, 74.5	100, 97.6, 83.67, 98.
Gupta A et al (2010)	Índia	286/sólido	RMP, INH, S, EMB	98.4,88.5, 100, 94%	97, 94.2, 100, 99.
Thapa et al (2013)	Nepal	110/ sólido	INH,RMP, S, EMB	97.2, 100, 97.1, 100.	95.9, 98.7, 96.1, 97.7.
PRESENTES ESTUDO	**Índia**	**81/liquido**	**INH,RMP**	**100,100**	**98.64, 97.33**

De facto, não existe um conjunto predefinido de sintomas que indique claramente a infeção ativa por tuberculose pulmonar. Além disso, a tosse crónica, a febre, a perda de peso, os suores noturnos e os arrepios são sintomas cardinais da tuberculose e ocorrem na maioria dos doentes.

No presente estudo, os sintomas cardinais da tuberculose, ou seja, a tosse e a febre, foram os principais sintomas, estando presentes em 90% e 80%, respetivamente. Os outros sintomas incluíam suores noturnos (68%), perda de peso (60%), perda de apetite (39%), dor torácica (45%) e hemoptise (20%), o que está de acordo com o estudo realizado por **Atiq Ur Rehman M** ***et al*** **(2009)** [79], em que as caraterísticas clínicas mais comuns eram a febre, a perda de peso e a tosse, seguidas de suores noturnos. Na mesma base, o estudo efectuado por **El-Sony** ***et al*** **(2002)**[69] apresentou tosse (94,5%), perda de peso (91,6%), febre (78,2%), suores noturnos (68,2%), dor torácica (57,7%) e uma pequena proporção de hemoptise (19,8%). **(Quadro XIV)**.

O perfil demográfico dá-nos uma ideia da incidência da tuberculose pulmonar. A idade avançada, a maior probabilidade de deteção da doença em fumadores e em doentes com contactos anteriores, o analfabetismo são alguns dos factores que indicam claramente que a população acima referida corre um risco mais elevado.

No presente estudo, 76% dos indivíduos eram do sexo masculino e 24% do sexo feminino. Os resultados de **Shamsundar et** ***al*** **(2013)** [157] e **Rawat** ***et al*** **(2008)** [44] são comparáveis aos do presente estudo.

Verificou-se uma preponderância masculina. Isto deve-se ao facto de, numa sociedade dominada por homens, o homem ser normalmente o membro que ganha mais dinheiro. Como sai para trabalhar, corre um maior risco de ser infetado pela tuberculose pulmonar. Além disso, os homens são mais susceptíveis de adquirir hábitos como o tabagismo, o alcoolismo, etc.

No presente estudo, a deteção de *Mycobacterium tuberculosis* foi máxima em doentes pertencentes ao grupo etário dos 40-60 anos (40%), seguindo-se os doentes com mais de 60 anos (33%). Este estudo é apoiado por **Rawat J** ***et al*** **(2008)**[44], em que a idade média dos doentes jovens e idosos era de 35,71± 5,7 anos e 68,57± 3,03 anos, respetivamente, e por **Rao SK (2010)**[158], em que a TB pulmonar foi mais observada nos doentes idosos do que nos grupos etários mais jovens. A explicação multifatorial para o mesmo seria que, com o avançar da idade, o estado imunitário de um indivíduo começa a ficar comprometido, há maior probabilidade de a TB latente se tornar ativa e, comparativamente, maior exposição a medicamentos como os corticosteróides.

No presente estudo, a população pertencente às zonas rurais era maior, 75%, em comparação com os residentes das zonas urbanas, 25%. Este facto é corroborado pelo estudo realizado por **Rawat J** ***et al*** **(2008)**[44] , em que a percentagem de doentes que viviam em zonas rurais era de 70%, ao passo que nas zonas urbanas era de 30%, principalmente devido ao facto de o instituto onde o estudo foi realizado se situar na aldeia de Mullana, o que torna óbvio que a incidência de doentes das imediações seria maior. Por conseguinte, a profissão da maioria dos doentes era a de agricultor (35%) e a de trabalhador por conta de outrem (18%), seguida da de dona de casa (16%).

No presente estudo, a taxa de positividade dos doentes com antecedentes de tabagismo foi de 72%, ao passo que a dos doentes que não forneceram antecedentes de tabagismo foi de 28%. O presente estudo é apoiado pelas observações feitas por **Ariyothai N (2004)53** , que concluiu que existia uma relação entre a TB pulmonar e a quantidade de exposição ao tabaco. **Kolappan C (2002)159** , no seu estudo, concluiu que, utilizando um desenho de caso-controlo e uma análise adequada, demonstrou que existe uma associação entre o tabagismo e o desenvolvimento de tuberculose pulmonar que é dependente da dose. É possível que o tabagismo seja um potencial fator de risco para o desenvolvimento de tuberculose pulmonar.

Uma vez que a probabilidade de TB pulmonar é maior nos doentes que têm uma história de exposição anterior com contactos, é sempre benéfico incluir a informação que categoriza os contactos e os não contactos. Está de acordo com **Atiq-Ur Rehman M *et al* (2009)**[79] em que a história de contactos foi observada em 35% **(Quadro XV)**.

No presente estudo, foi avaliada a aplicação da NRA diretamente a amostras de esputo utilizando o meio líquido MB7H9 para a deteção rápida da resistência *do M. tuberculosis* à RMP e à INH. Os resultados foram comparados com os obtidos com o IPM como padrão de referência.

O objetivo geral deste estudo foi descobrir o padrão de suscetibilidade da INH e da RMP em casos positivos de baciloscopia de tuberculose pulmonar e avaliar a sensibilidade e a especificidade da NRA com o método de proporção padrão para o teste de suscetibilidade da INH e da RMP.

RESUMO E CONCLUSÃO

O estudo foi um estudo transversal de validação do teste e foi efectuado durante um período de 1 ano, de janeiro de 2012 a dezembro de 2012, no Departamento de Microbiologia do MMIMSR, Mullana, Ambala. O estudo foi efectuado num total de 100 amostras de expetoração com baciloscopia positiva de doentes com tuberculose pulmonar que frequentavam vários OPDs/wards do M.M Hospital. Os doentes que estavam a tomar medicamentos antituberculosos foram excluídos do presente estudo.

As conclusões do presente estudo são resumidas a seguir:

- A taxa global de deteção de espécies de micobactérias foi de 20%.
- A natureza purulenta da expetoração teve uma correlação máxima de 37,05% com a positividade do esfregaço.
- 42% das amostras positivas para esfregaço tinham uma classificação de 3+ na microscopia, enquanto 9% tinham uma classificação escassa.
- A taxa global de isolamento de micobactérias foi de 85%.
- 95,29% das estirpes de *Mycobacterium tuberculosis foram* isoladas utilizando uma combinação de ambos os métodos Proporção e NRA (utilizando MB7H9).
- Os espécimes com um grau mais elevado (3+) apresentaram um crescimento máximo no meio L.J. (51,21%), bem como o crescimento mais precoce (dentro de 2 semanas). Enquanto que o crescimento máximo foi observado na 4ª semana (43,90%).
- Os espécimes que foram classificados como 3+ mostraram um crescimento máximo utilizando MB7H9 (50%) e os resultados máximos foram obtidos em 10 dias.
- O TTD médio pelo método de proporção convencional foi muito mais longo (28 dias) em comparação com o da NRA (utilizando MB7H9) de 10 dias.
- Verificou-se que a taxa de contaminação com NRA (6%) era muito inferior à do meio L.J convencional (8%). Os bacilos Gram positivos foram os contaminantes predominantes no meio L.J., enquanto os bacilos Gram negativos predominaram no MB7H9.
- Das 81 estirpes de Mycobacterium que foram submetidas a testes de suscetibilidade a fármacos antimicrobianos para INH e RMP, 70 (86,41%) eram sensíveis tanto a INH como a RMP. 5 (6,17%) mostraram resistência apenas à INH e 4 (4,93%) mostraram resistência à RMP pelo método

proporcional.

> Das 81 estirpes de Mycobacterium que foram submetidas a testes de suscetibilidade a fármacos antimicrobianos para INH e RMP, 67 (82,71%) foram sensíveis tanto a INH como a RMP, enquanto 6 (7,40%) mostraram ser resistentes apenas a INH e 6 (7,40%) mostraram ser resistentes apenas a RMP, enquanto 2 (2,46%) foram detectadas como MDR por ambos os métodos.

> Em comparação com o método da proporção L.J, a NRA apresentou sensibilidade, especificidade, VPP, VAL, exatidão de 100%, 98,64%, 87,50%, 100% e 98,76%, respetivamente, para a INH. A sensibilidade, a especificidade, o VPP, o VAL e a exatidão da NRA em comparação com a PM para a RMP foram de 100%, 97,33%, 75,00%, 100% e 97,53%, respetivamente.

> A tosse e a febre foram os sintomas clínicos mais comuns e registaram-se em 90% e 80% dos casos positivos no esfregaço, respetivamente.

> A população masculina foi predominante (76%) em comparação com a feminina (24%)

> O número máximo de casos positivos registou-se no grupo etário dos 40 - 60 anos (40%).

> A incidência da tuberculose pulmonar foi máxima na população rural (75%) e nos doentes que não tinham qualquer educação formal (50%).

> No presente estudo, verificou-se uma maior positividade nos fumadores (72%). A percentagem de positividade dos doentes com história prévia de contacto e história prévia de tuberculose foi de 32% e 15%, respetivamente.

A tuberculose continua a ser um grande problema de saúde a nível mundial. Além disso, a incidência da TB é complicada pelo aumento da incidência de estirpes MDR de bacilos da TB e a Índia encontra-se entre os principais países a suportar o peso da morbilidade e da mortalidade. A frequência da incidência de TB-MDR pode ser minimizada se forem utilizadas técnicas rápidas de DST. Para a deteção rápida da TB, foram desenvolvidos vários ensaios colorimétricos e não colorimétricos. Entre os ensaios colorimétricos, a NRA demonstrou ser uma técnica promissora para a identificação atempada da TB resistente aos medicamentos. Poupa tempo e trabalho (evita o pré-isolamento de MTB a partir de amostras de expetoração) e representa a população bacteriana original do doente, uma vez que este ensaio pode ser realizado diretamente em amostras de expetoração com esfregaço positivo. No presente estudo, verificou-se que é uma técnica altamente específica e sensível na deteção de MTB resistentes aos medicamentos quando testada em paralelo com a PM. Além disso, verificou-se que é rápida, económica e fácil de executar e não requer qualquer instrumentação especial. Por conseguinte, pode ser utilizado por rotina nos laboratórios de TB dos países em desenvolvimento para o teste de suscetibilidade a medicamentos do *M. tuberculosis*. Verificou-se que a combinação de LJ e NRA aumentou a taxa global de isolamento do MTB. Tendo isto em conta, o TSA direto com NRA poderia ser realizado em paralelo com o padrão de referência (LJ PM) para confirmar a presença de isolados do complexo *M.tuberculosis*. Isto aceleraria a administração da terapêutica antimicobacteriana adequada, diminuindo assim a morbilidade e a mortalidade, bem como evitando a propagação da infeção na comunidade.

BIBLIOGRAFIA

1. Leao SC, Portaels F. História. In: Palomino JC, Leao SC, Ritacco V. editores. Tuberculosis 2007 From basic science to patient care 1st edition. 2007: Capítulo 1, pp 25-34. http://www.e-booksdirectory.com/details.php? eb ook=275. Acedido em 10.09.2013.

2. Daniel TM. The history of tuberculosis Respir Med. 2006; 100: 1862-70.

3. *Caviedes L, Lee TS, Gilman RH, Sheen P, Spellman E, Lee EH et al* Rapid eficiente

Deteção e teste de suscetibilidade a medicamentos de Mycobacterium tuberculosis na expetoração por observação microscópica de culturas em caldo. J Clin Microbiol. 2000; 38(3): 1203-8.

4. Controlo global da tuberculose - vigilância, planeamento, financiamento. WHO/CDS/Tuberculosis/ 2002: 295. Acedido em 2.9.2013

5. Murray CJ, Lopez AD. Evidence based health policy - lessons from global burden of disease study. Science. 1996; 274 (5288): 740-3.

6. Murray C, Lopez AD. Projecções alternativas de mortalidade e incapacidade por causas 1990-2020: estudo sobre o peso global da doença. Lancet. 1997; 349 (9064): 1498-504.

7. Girardi E, Raviglione MC, Antonucci G, Godfrey-Faussett P, Ippolito G. Impact of the HIV epidemic on the spread of other diseases: the case of tuberculosis. AIDS. 2000; 14: S47-S56.

8. Raviglione MC, Narain JP, Kochi A. HIV-associated tuberculosis in developing countries: clinical features, diagnosis, and treatment. Boletim do Órgão Mundial de Saúde. 1992; 70(4): 515-26.

9. Raviglione MC, Snider DE Jr, Kochi A. Global epidemiology of tuberculosis. Morbidade e mortalidade de uma epidemia mundial. JAMA. 1995; 273(3): 220-6.

10. Centros de Controlo e Prevenção de Doenças. Aviso aos leitores: definição revista de tuberculose extensivamente resistente aos medicamentos. MMWR. 2006; 55 (43): 1169-92.

11. OMS. Diretrizes para a gestão programática da tuberculose resistente aos medicamentos. Documento n.º WHO/HTM/TB/2006.361. 2006. Disponível em:

http://www.stoptb.org/assets/documents/resources/publications/technical/tb guidelin es. Acedido em 10.09.2013.

12. Goble M, Iseman MD, Madsen LA, Waite D, Ackerson L, Horsburgh CR Jr. Treatment of 171 patients with pulmonary tuberculosis resistant to isoniazid and rifampin. N Engl J Med. 1993; 328(8): 527-32.

13. Relatório Mundial sobre a Tuberculose 2012. Disponível em: http://www.who.int/tb/publications/global report/en/. Acedido em 2.9.2013.

14. OMS. Controlo Mundial da Tuberculose: Epidemiologia, Estratégia e Financiamento. Relatório da OMS 2009 pg 7 Relatório número WHO/HTM/TB/2009.411. Disponível em: http://www.who.int/tb/publications/global_report/2009/en/index.html. Último acesso em 30 de agosto de 2013.

15. Udwadia ZF, Jain S, Rodriguez C, Mehta A. XDR tuberculosis in India: what's in a name? LancetInfectDis. 2007; 7: 441-2.

16. Velayati AA, Masjedi MR, Farnia P, Tabarsi P, Ghanavi J, Ziazarifi AH. *et al.* Emergência de novas formas de bacilos da tuberculose totalmente resistentes aos medicamentos: tuberculose super extensivamente resistente aos medicamentos ou estirpes totalmente resistentes aos medicamentos no Irão. Chest. 2009; 136(2): 420-5.

17. Press Information Bureau English Releases (disponível em: http://pib.nic.in/newsite/erelease.aspx?relid=83486). Acedido em 2.9.2013

18. Hall GS. Processamento primário de espécimes e isolamento e cultivo de micobactérias. Clin Lab Med. 1996; 16(3): 551-67.

19. Park CH, Hixon DL, Ferguson CB, Hall SL, Risheim CC, Cook CB. Rapid recovery of mycobacteria from clinical specimens using automated radiometric technic. Am J Clin Pathol. 1984; 81(3): 341-5.

20. Heifets LB. Micobacteriologia clínica. Testes de suscetibilidade a medicamentos. Clin Lab Med. 1996; 16(3): 641-56.

21. Canetti G, Froman S, Grosset J, Hauduroy P. Mycobacteria: laboratory methods for testing drug sensitivity and resistance. Bull World Health Organ. 1963; 29: 565-8.

22. Rosales S, Pineda-Garcia L, Andino N, Almendarez N, Membreno H, Hoffner SE. Avaliação do ensaio da nitrato redutase para a deteção rápida da tuberculose extensivamente resistente aos medicamentos. Int J Tuberc Lung Dis. 2009; 13(12):1542-9.

23. Gutierrez MC, Brisse S, Brosch R, Fabre M, Omaïs B, Marmiesse M *et al.* Origem antiga e mosaicismo genético do progenitor de *Mycobacterium tuberculosis.* PLoS Pathog 2005; 1(1): e5. doi: 10.1371/journal.ppat.0010005.

24. Herzog H. História da tuberculose. Respiration. 1998; 65(1): 5-15.

25. Kaufmann SH, Schaible UE. 100º aniversário do Prémio Nobel de Robert Koch pela descoberta do bacilo da tuberculose. Trends Microbiol. 2005; 13(10):469-75.

26. Jain R, Dosi R. Diagnóstico da tuberculose abdominal na dor abdominal crónica: a laparoscopia como um instrumento de diagnóstico eficaz. JEMDS. 2013; 2(16): 2756-62.

27. Hashimoto T. Vacinas BCG para a prevenção da tuberculose no mundo. Kekkaku. 1997; 72(11):629-37.

28. Uma história da TB na Índia disponível em http://www.tbfacts.org/tb-india- history.html. Acedido em 10.09.2013

29. Faine S. *Mycobacterium tuberculosis*. In: Hausler WJ Jr, Sussman M. editores. Topley and Wilson's microbiology and microbial infections. 9th edition. London: Arnold; 1998. p.849-69.

30. **Cole ST, Smith DR.** Toward mapping and sequencing the genome of *Mycobacterium Tuberculosis*. In: BR Bloom editors, Tuberculosis: pathogenesis, protection, and control. Washington, D.C.: Sociedade Americana de Microbiologia; 1994. p. 227-38.

31. Cole ST, Brosch R, Parkhill J, Garnier T, Churcher C, Harris D *et al*. Decifrar a biologia do *Mycobacterium tuberculosis* a partir da sequência completa do genoma. Nature. 1998; 393: 537-44.

32. Naya H, Romero H, Zavala A, Alvarez B, Musto H. A aerobiose aumenta o conteúdo genómico de guanina e citosina (GC%) em procariotas. J Mol Evol. 2002; 55(3): 260-4.

33. Camus JC, Pryor MJ, Médigue C, Cole ST. Re-anotação da sequência do genoma de *Mycobacterium tuberculosis* H37Rv. Microbiology. 2002; 148 (Pt 10): 2967-73.

34. Van Wormer LM. Tuberculose: as últimas novidades. CRNA. 2000; 11(1): 15-9.

35. Edwards D, Kirkpatrick CH. The immunology of mycobacterial diseaois. Am Rev Respir Dis. 1986; 134(5):1062-71.

36. ATS/CDC/IDSA. Normas de diagnóstico e classificação da tuberculose em adultos e crianças. Am J Respir Crit Care Med. 2000;161:1376-95

37. Horsburgh CR Jr. Tuberculose sem tubérculos. Tuberc Lung Dis. 1996; 77: 197-8.

38. Smith DW, Wiegeshaus EH. What animal models can teach us about the pathogenesis of tuberculosis in humans. Rev Infect Dis. 1989; 11 (Suppl 2):S385- 93.

39. Dannenberg AM Jr. Papel da hipersensibilidade citotóxica de tipo retardado e da imunidade mediada por células activadoras de macrófagos na patogénese da tuberculose. Immunobiology. 1994; 191: 461-73.

40. Galimi R. Extrapulmonary tuberculosis: tuberculous meningitis new developments. Eur Rev Med Pharmacol Sci. 2011;15(4):365-86.

41. Wilson LG. The historical decline of tuberculosis in Europe and America: its causes and

significance. J Hist Med Allied Sci. 1990; 45(3):366-96.

42. Reichman LB. Lidar com o ressurgimento da tuberculose. Am Fam Physician. 1991; 43(2):457-67.

43. FitzGerald JM, Grzybowski S, Allen S. The impact of human immunodeficiency virus infection on tuberculosis and its control (O impacto da infeção pelo vírus da imunodeficiência humana na tuberculose e no seu controlo). Chest. 1991; 100:191-200.

44. Rawat J, Sindhwani G, Juyal R. Clinico-radiological profile of new smear positive pulmonary tuberculosis cases among young adult and elderly people in a tertiary care hospital at Deheradun (Uttarakhand). Indian J Tuberc. 2008; 55(2):84-90.

45. Bam N, Karn R. Anticorpos IgM e IgG na tuberculose. JIOM. 2009; 31(3): 34-6.

46. El Bohy M, Raafat H, Aly F, Abd El-Aziz M. Comparação entre o tubo indicador de crescimento de micobactérias (MGIT), o sistema BACTEC 460 TB e o meio Lowenstein-Jensen para a deteção de *mycobacterium tuberculosis.* EJB. 2009; 3(2):102-8.

47. Christian D, Singh US, Mukherjee S, Sharma D. Socio-demographic profiles of the delayed diagnosed patients in RNTCP, Anand District. Healthline. 2010; 1(1): 45-8.

48. Aktogu S, Yorgancioglu A, Çirak K, Kose T, Dereli SM. Espectro clínico da tuberculose pulmonar e pleural: um relatório de 5.480 casos. Eur Respir J. 1996; 9: 2031-5.

49. Tupasi TE, Rivera AB, Villa LA, Quelapio ID, Co VM, Balagtas E *et al.* Bacillary Tuberculosis in Rural and Urban Communities in the Phillipines. Phil J Mocrobiol Infect Dis. 2000; 29(2):73-9.

50. Seth V, Kabra SK, Jain Y, Semwal OP, Mukhopadhyaya S, Jensen RL. Tubercular lymphadenitis: clinical manifestations. Indian J Pediatr. 1995; 62(5):565- 70.

51. Al Zahrani K, Al Jahdali H, Poirier L, René P, Gennaro ML, Menzies D. Exatidão e utilidade dos testes de amplificação e serológicos disponíveis no mercado para o diagnóstico de tuberculose pulmonar mínima. Am J Respir Crit Care Med. 2000; 162(4 Pt 1):1323-9.

52. Rabia M, Shabbir A, Mehmood I, Naeem Ullah S. Comparação do teste de Mantoux com o diagnóstico BCG em doentes pediátricos com tuberculose. J Rawal Med Coll. 2011; 15(1): 18-20.

53. Ariyothai N, Podhipak A, Akarasewi P, Tornee S, Smithtikarn S, Thongprathum P. O consumo de cigarros e a sua relação com a tuberculose pulmonar em adultos. Southeast Asian J Trop Med Public Health. 2004; 35(1):219-27.

54. Boon SD, Van Lill SWP, Borgdorff MW, Verver S, Bateman ED, Lombard CJ *et al.* Association between smoking and tuberculosis infection: a population survey in a high tuberculosis

incidence area. Thorax. 2005; 60:555-7.

55. Godoy P, Caylà JA, Carmona G, Camps N, Alvarez J, Alsedà M *et al.* Fumar em doentes com tuberculose aumenta o risco de infeção nos seus contactos. Int J Tuberc Lung Dis. 2013; 17(6):771-6.

56. Raviglione MC, O'Brien RJ. Tuberculose. In: Longo DL, Fauci AS, Kasper DL, Hauser SL, Jameson JL, loscaizo J. editores. Harrison's Principles of Internal Medicine 18ª edição. New York: McGraw-Hill; 2012. Capítulo 165, p.1340-50.

57. Leung AN, Müller NL, Pineda PR, FitzGerald JM. Tuberculose primária na infância: manifestações radiográficas. Radiology. 1992; 182(1):87-91.

58. Merino JM, Alvarez T, Marrero M, Ansò S, Elvira A, Iglesias G, Gonzâlez JB. Microbiologia da tuberculose pulmonar primária pediátrica. Chest. 2001; 119(5):1434- 8.

59. *Andronikou S, Van der Merwe DJ, Goussard P, Gie RP, Tomazos N.* Utilidade das radiografias laterais para a deteção de linfadenopatia tuberculosa em crianças - confirmação utilizando a reconstrução sagital de TC com referência cruzada multiplanar. SAJR. 2012; 16(3):87-92.

60. Van Dyck P, Vanhoenacker FM, Van den Brande P, De Schepper AM. Imagiologia da tuberculose pulmonar. Eur Radiol. 2003; 13:1771-85.

61. Goodwin RA, Des Prez RM. Apical location of pulmonary tuberculosis, chronic pulmonary histoplasmosis, and progressive massive fibrosis of the lung. Chest. 1983; 83:801-5.

62. Shewchuk JR, Reed MH. Tuberculose pulmonar pós-primária pediátrica. Pediatr Radiol. 2002; 32(9):648-51.

63. Arango L, Brewin AW, Murray JF. The spectrum of tuberculosis as currently seen in a metropolitan hospital. Am Rev Respir Dis.1973; 108(4):805-12.

64. MacGregor RR. A year's experience with tuberculosis in a private urban teaching hospital in the post sanatorium era. Am J Med. 1975; 58(2):221-8.

65. Friedman LN, Selwyn PA. Tuberculose pulmonar: primária, reativação, relacionada com o VIH e não relacionada com o VIH. In: Friedman LN, ed. Tuberculosis: Current Concepts and Treatment. Boca Raton: CRC Press, 1994. 93-112.

66. Hopewell PC. Uma visão clínica da tuberculose. Radiol Clin North Am. 1995; 33(4):641-53.

67. Murray HW, Tuazon CU, Kirmani N, Sheagren JN. A síndrome de dificuldade respiratória do adulto associada à tuberculose miliar. Chest. 1978; 73(1):37-43.

68. Samb B, Henzel D, Daley CL, Mugusi F, Niyongabo T, Mlika-Cabanne N *et al.* Methods for

diagnosing tuberculosis among inpatients in eastern Africa whose sputum smears are negative Int J Tuberc Lung Dis. 1997; 1(1):25-30.

69. El-Sony A, Enarson D, Khamis A, Baraka O, Bjune G. Relação da classificação dos esfregaços de expetoração com as caraterísticas clínicas dos doentes com tuberculose na prática de rotina no Sudão. Int J Tuberc Lung Dis. 2002; 6(2): 91-7.

70. Morehead RS. Tuberculose da pleura. South Med J. 1998; 91(7):630-6

71. Yoon SH, Lee NK, Yim JJ. Impacto do aspeto grosseiro e do volume da expetoração na positividade da baciloscopia da tuberculose pulmonar: um estudo de coorte prospetivo BMC Infectious Diseases. 2012; 12:172

72. Brown L. Robert Koch: um tributo americano Ann Med Hist. 1935; 7: 93-112, 292-304, 385-401.

73. Bishop PJ, Neumann G. The history of the Ziehl-Neelsen stain Tubercle. 1970; 51(2):196-206.

74. Padmanabha KR. Naganathan N, Nair SS. *Um método de coloração a frio para bacilos da tuberculose utilizando clorofórmio*. Indian J TB. 1966; 14: 3-9.

75. Alisjahbana B, van Crevel R, Danusantoso H, Gartinah T, Soemantri ES, Nelwan RHH *et al.* Better patient instruction for sputum sampling can improve microscopic tuberculosis diagnosis. Int J Tuberc Lung Dis. 2005; 7:814-7.

76. Ziaee M, Namaei M, Khazaei M, Azarkar G. Comparação do valor de duas colorações de expetoração diferentes para o diagnóstico de bacilos álcool-ácido resistentes. IJCID. 2008; 3(2):99-102.

77. Hooja S, Pal N, Malhotra B, Goyal S, Kumar V, Vyas L. Comparação dos métodos de coloração de Ziehl Neelsen e Auramine O em esfregaços diretos e concentrados em amostras clínicas. Indian J Tuberc. 2011; 58(2):72-6.

78. Cruciani M, Scarparo C, Malena M, Bosco O, Serpelloni G, Mengoli C. Meta-análise do BACTEC MGIT 960 e do BACTEC 460 TB, com ou sem meios sólidos, para a deteção de micobactérias. J Clin Microbiol. 2004; 42(5): 2321-5.

79. Atiq-ur-Rehman M, Naseem A, Hussain T. Comparação do rendimento do diagnóstico de AFB com indução da expetoração com o exame espontâneo da expetoração na suspeita de tuberculose pulmonar. J Coll Physicians Surg Pak. 2009; 19(8): 506-9.

80. Ceyhan I, Simşek H, Tarhan G. Comparação e avaliação do meio Lowenstein-Jensen e do meio Ogawa a 2% para o diagnóstico da tuberculose. Mikrobiyol Bul. 2012; 46(1): 33-8.

81. Tortoli E, Palomino JC. Novos métodos de diagnóstico. In: Palomino JC, Leao SC, Ritacco V. editores. Tuberculosis 2007 From basic science to patient care 1st edition. 2007: Capítulo 14, pp 441-4. http://www.e-booksdirectory.com/details.php?ebook=275. Acedido em 10.09.2013.

82. Flournoy D, Twilley J. Modified Middlebrook 7H9 broth for the rapid detection of mycobacteria. Clin Lab Sci. 2001; 14(2):85-8.

83. Chihota VN, Grant AD, Fielding K, Ndibongo B, van Zyl A, Muirhead D *et al* Liquid vs. solid culture for tuberculosis: performance and cost in a resource- constrained setting. Int J Tuberc Lung Dis. 2010; 14(8):1024-31.

84. Clarridge JE III, Shawar RM, Shinnick TM, Plikaytis BB. Utilização em larga escala da reação em cadeia da polimerase para a deteção de *Mycobacterium tuberculosis* num laboratório de micobacteriologia de rotina. J Clin Microbiol. 1993; 31(8): 2049-56.

85. Woods GL. O laboratório de micobacteriologia e as novas técnicas de diagnóstico. Infect Dis Clin North Am. 2002; 16(1): 127-44.

86. Venkatesh K, Parija SC, Mahadevan S, Negi VS. Teste de hemaglutinação passiva inversa (RPHA) para deteção de antigénio micobacteriano no líquido cefalorraquidiano para diagnóstico de meningite tuberculosa. Indian J Tuberc. 2007; 54(1):41-8.

87. Chadha VK. Tuberculin test. Indian J Pediatr. 2001; 68(1): 53-8.

88. Burrill J, Christopher J, Williams CJ, Bain G, Conder G, Hine AL *et al.* Tuberculose: Uma revisão radiológica. Radiographics. 2007;27(5): 1255-73.

89. Bloom BR, Murray CJL. Tuberculosis: Commentary on a re emergent killer. Science. 1992; 257 (5073): 1055-64.

90. Kochi A. Tuberculose: Distribuição, factores de risco, mortalidade. Immunobiology. 1994; 191(4-5): 325-36.

91. Han H, Wang F, Xiao Y, Ren Y, Chao Y, Guo A *et al.* Utilidade da tipagem de unidades repetitivas intercaladas micobacterianas para diferenciar isolados de *Mycobacterium tuberculosis* em Wuhan, China. J Med Microbiol. 2007; 56(9): 1219-23.

92. Vashishtha VM. Relatório da OMS sobre o Controlo Global da Tuberculose 2009: A eliminação da tuberculose é um sonho distante. Indian Pediatr. 2009; 46(5): 401-2.

93. Zignol M, van Gemert W, Falzon D, Sismanidis C, Glaziou P, Floyda K *et al.* Vigilância da resistência aos medicamentos anti-tuberculose no mundo: uma análise actualizada, 2007-2010. Boletim do Órgão Mundial de Saúde. 2012; 90:111-9.

94. TB INDIA 2013. Programa nacional revisto de controlo da tuberculose. Relatório anual sobre a situação disponível em http://www.tbcindia.nic.in/pdfs/TB%20India%202013. Acedido em 10.09.2013.

95. Brennan PJ, Nikaido H. The envelope of mycobacteria. Annu Rev Biochem. 1995; 64:29-63.

96. Pasca MR, Guglierame P, Arcesi F, Bellinzoni M, De Rossi E, Riccardi G. Rv2686c- Rv2687c-Rv2688c, uma bomba de efluxo de fluoroquinolona ABC em *Mycobacterium tuberculosis*. Antimicro Agentes Chemother. 2004; 48: 3175-8.

97. Heym B, Honoré N, Truffot-Pernot C, Banerjee A, Schurra C, Jacobs WR Jr. Implications of multidrug resistance for the future of short-course chemotherapy of tuberculosis: a molecular study. Lancet. 1994; 344(8918):293-8.

98. Zhang LX, Tu DH, Enarson DA. The impact of directly-observed treatment on the epidemiology of tuberculosis in Beijing (O impacto do tratamento diretamente observado na epidemiologia da tuberculose em Pequim). Int J Tuberc Lung Dis. 2000; 4(10): 904-10.

99. OMS. TB multirresistente e extensivamente resistente (M/XDR TB): relatório global de 2010 sobre vigilância e resposta. Genebra: Organização Mundial de Saúde 2010 Disponível: http:// whqlibdoc.who.int/publications/2010/9789241599191_eng.pdf Acedido em 2 de setembro de 2013.

100. Gandhi NR, Moll A, Sturm AW, Pawinski R, Govender T, Lalloo U *et al*. Tuberculose extensivamente resistente aos medicamentos como causa de morte em doentes co-infectados com tuberculose e VIH numa zona rural da África do Sul. Lancet. 2006; 368(9547):1575-80.

101. Pyle MM. Relative numbers of resistant tubercule bacilli in sputa of patients before and during treatment with streptomycin. Proc Mayo Clin. 1947; 22:465-73.

102. David HL. Distribuição da probabilidade de mutantes resistentes a medicamentos em populações não selecionadas de *Mycobacterium tuberculosis*. Appl Microbiol. 1970; 20(5):810-4.

103. Zhang Y, Telenti A. Genética da resistência aos medicamentos em *Mycobacterium tuberculosis*. In: Hatfull GF. editores. Molecular genetics of mycobacteria Washington D.C: ASM Press; 2000. p 235-54.

104. Ramaswamy S, Musser JM. Base genética molecular da resistência aos agentes antimicrobianos em *Mycobacterium tuberculosis:* atualização de 1998. Tuber Lung Dis. 1998; 79(1): 3-29.

105. Rattan A, Kalia A, Ahmad N. Multidrug-resistant *Mycobacterium tuberculosis:* molecular perspectives. Emerg Infect Dis. 1998;4(2):195-209.

106. Nachega JB, Chaisson RE. Tuberculosis drug resistance: Uma ameaça global Clin Infect Dis. 2003;36 (Suppl 1): S24-S30.

107. Tratamento da tuberculose pulmonar com estreptomicina e ácido para-aminosalicílico; uma investigação do Medical Research Council. Br Med J. 1950; 2(4688): 1073-85.

108. Pfyffer GE, Brown-Elliot BA, Wallace RJ. Mycobacterium: Caraterísticas gerais, isolamento e procedimentos de coloração. In: Manual de Microbiologia Clínica. Murray PR editor. Washington D.C: ASM Press; 2003. p 532-84.

109. Canetti G, Fox W, Khomenko A, Mahler HT, Menon NK, D. Mitchison DA *et al.* Avanços nas técnicas de teste de sensibilidade aos medicamentos micobacterianos e utilização de testes de sensibilidade nos programas de controlo da tuberculose . Boletim do Órgão Mundial de Saúde. 1969; 41(1): 21-43.

110. Canetti G, Froman S, Grosset J, Hauduroy P. Mycobacteria: Métodos laboratoriais para testar a sensibilidade e a resistência aos medicamentos. Bull Wld Hlth Org. 1963; 29: 565-8.

111. Roberts GD, Roberts GD, Goodman NL, Heifets L, Larsh HW, Lindner TH, McClatchy JK *et al.* Avaliação do método radiométrico BACTEC para a recuperação de micobactérias e para o teste de suscetibilidade a medicamentos do *Mycobacterium tuberculosis* a partir de amostras positivas de esfregaços ácido-resistentes. J Clin Microbiol. 1983; 18(3): 689-96.

112. Reisner BS, Gatson AM, Woods GL. Avaliação de tubos indicadores de crescimento de micobactérias para testes de suscetibilidade do Mycobacterium tuberculosis à isoniazida e à rifampicina. Diagn Microbiol Infect Dis .1995; 22(4): 325-9.

113. CIA. The World Fact Book. 2010; Disponível em: https://www.cia.gov/library/publications/the-world-factbook/index.html. acedido em 12.09.2013.

114. Montoro E, Lemus D, Echemendia M, Martin A, Portaels F, Palo$_1$m$_1$i$_3$no JC. Avaliação comparativa do ensaio de redução de nitratos, do teste MTT e do ensaio de microtítulo de resazurina para o teste de suscetibilidade a medicamentos de isolados clínicos de *Mycobacterium tuberculosis.* J Antimicrob Chemother. 2005; 55 (4): 500-5.

115. Martin A, Portaels F,Palomino JC, Colorimetric redox-indicator methods for the rapid detection of multidrug resistance in *Mycobacterium tuberculosis:* a systematic review and meta-analysis. J Antimicrob Chemother. 2007; 59(2): 175-83.

116. Angeby KA, Klintz L, Hoffner SE. Teste rápido e económico de suscetibilidade a medicamentos de *Mycobacterium tuberculosis* com um ensaio de nitrato redutase. J Clin Microbiol. 2002; 40(2): 553-5.

117. Golyshevskaia VI, Korneev AA, Chernousova LN, Selina LG, Kazarova TA, Grishina TD *et al.* Novas técnicas microbiológicas no diagnóstico da tuberculose. Probl Tuberk.

1996; 22-5.

118. Griess JP, Bemerkungen ZAHH. Über einige Azoverbindungen Ber Deutch Chem Ges. 1879; 12:426-8.

119. Martin A, Panaiotov S, Portaels F, Hoffner S, Palomino JC, Angeby K. The nitrate reductase assay for the rapid detection of Isoniazid and rifampicin resistance in *Mycobacterium tuberculosis* : a systematic review and meta-analysis. J Antimicrob Chemother. 2008; 62(1):56-64.

120. Syre H, Phyu S, Sandven P, Bjorvatn B, Grewal HM. Rapid colorimetric method for testing susceptibility of *Mycobacterium tuberculosis* to Isoniazid and rifampin in liquid cultures (Método colorimétrico rápido para testar a suscetibilidade do *Mycobacterium tuberculosis* à isoniazida e à rifampicina em culturas líquidas). J Clin Microbiol. 2003; 41(11): 5173-7.

121. Martin A, Palomino JC, Portaels F. Rapid detection of ofloxacin resistance in *Mycobacterium tuberculosis* by two low-cost colorimetric methods: resazurin and nitrate reductase assays. J Clin Microbiol. 2005; 43(4): 1612-6.

122. Sethi S, Sharma S, Sharma SK, Meharwal SK, Jindal SK, Sharma M. Drug susceptibility of *Mycobacterium tuberculosis* to primary antitubercular drugs by nitrate reductase assay. Indian J Med Res. 2004; 120(5): 468-71.

123. Affolabi D, Odoun M, Sanousii ND, Martin A, Palomino JC, Kestens L *et al.* Deteção rápida e pouco dispendiosa de *mycobacterium tuberculosis* multirresistente com o ensaio da redutase do nitrato utilizando meio líquido e aplicação direta a amostras de expetoração. J Clin Microbiol. 2008; 46(10): 3243-5.

124. Shikama ML, Ferro e Silva R, Villela G, Sato DN, Martins MC, Giampaglia CM *et al.*

Estudo multicêntrico do ensaio da nitrato redutase para a deteção rápida de *M. tuberculosis* resistente à rifampicina. Int J Tuberc Lung dis. 2009; 13(3): 377-80.

125. Visalakshi P, Arora J, Behera D. Evaluation of nitrate reductase assay for rapid detection of resistance to second-line drugs in Mycobacterium tuberculosis in a tertiary care hospital. Diagn Microbiol Infect Dis. 2010; 68(3): 236-40.

126. Gupta A, Sen MR, Mohapatra TM, Anupurba S. Evaluation of the performance of nitrate reductase assay for rapid drug-susceptibility testing of *mycobacterium tuberculosis* in north India [Avaliação do desempenho do ensaio da redutase do nitrato para o teste rápido de suscetibilidade aos medicamentos de *mycobacterium tuberculosis* no norte da Índia]. J Health Popul Nutr. 2011; 29(1): 20-5.

127. Jureen, P, Werngren, J, Hoffner, SE. Avaliação do ensaio de sonda em linha (LiPA) para a

deteção rápida da resistência à rifampicina em *Mycobacterium tuberculosis*. Tuberculosis (Edinb). 2004; 84(5): 311-6.

128. Hillemann D, Weizenegger M, Kubica T, Richter E, Niemann S. Use of the genotype MTBDR assay for rapid detection of rifampin and isoniazid resistance i nMycobacterium *tuberculosis* complex isolates. J Clin Microbiol. 2005; 43(8): 3699703.

129. Lazzarini LC, Spindola SM, Bang H, Gibson AL, Weisenberg S, da Silva Carvalho W. RD Rio *Mycobacterium tuberculosis* infection is associated with a higher frequency of cavitary pulmonary disease. J Clin Microbiol. 2008; 46(7): 2175-83.

130. Sanger, F, Nicklen, S, Coulson, AR, Sequenciação de ADN com inibidores de terminação de cadeia. Proc Natl Acad Sci USA. 1977; 74(12): 5463-7.

131. Tang X, Morris SL, Langone JJ, Bockstahler LE. Microarray e deteção por PCR específica de alelos de mutações pontuais em genes *de Mycobacterium tuberculosis* associados à resistência aos medicamentos. J Microbiol Methods. 2005; 63(3): 318-30.

132. Boehme CC, Nabeta P, Hillemann D, Nicol MP, Shenai S, Krapp F. Rapid molecular detection of tuberculosis and rifampin resistance N Engl J Med. 2010; 363(11): 100515.

133. Programas de saúde na Índia, Park K. Editor. Park's Textbook of Preventive and Social Medicine 22nd edition. Jabalpur (Índia): Banarsidas Bhanot Publishers; 2013. Capítulo 7, p. 394.

134. Parceria Stop TB. O plano mundial de luta contra a tuberculose 2006-2015: Acções para a vida: rumo a um mundo livre de tuberculose. Genebra: OMS 2006. Disponível em http://www.stoptb.org/assets/documents/global/plan/GlobalPlanFinal.pdf acedido em 11.09.2013.

135. Manual de Procedimentos Operacionais Normalizados (PON) Laboratório de Referência Intermédio para a Tuberculose, Cultura de *Mycobacterium tuberculosis* e Teste de Suscetibilidade a Medicamentos em Meio Sólido. Programa Nacional de Controlo da Tuberculose revisto, Divisão Central da Tuberculose, (Ministério da Saúde e do Bem-Estar Familiar), Nova Deli, 2009; $V_1er_1s_7ion$ No. 01.29-40.

136. Kent PT, Kubica GP. Um guia para o laboratório de nível III. In: Public health mycobacteriology. Atlanta, GA: Centers for Disease Control, U.S Department of Health and Human Services; 1985.

137. Programa Nacional de Controlo da Tuberculose revisto. Manual para técnicos de laboratório, microscopia de esfregaço para deteção de bacilos álcool-ácido resistentes. Divisão Central da TB, Direção-Geral dos Serviços de Saúde, Ministério da Saúde e do Bem-Estar Familiar, Nirman Bhavan.2009.P 9-13.

138. Declaração de Helsínquia da Associação Médica Mundial. Princípios éticos para a investigação médica envolvendo seres humanos. Associação Médica Mundial disponível em; http://www.wma.net/e/policy/b3html. Acedido em 12.09. 2013.

139. Sharma SK, Mohan A. Tuberculosis: De um flagelo incurável a uma doença curável, uma viagem de mais de um milénio. Indian J Med Res. 137; 2013: 455-93.

140. Organização Mundial de Saúde: Controlo Global da Tuberculose: Relatório da OMS 2011. Disponível: http://www.who.int/tb/publications/global report/2011/ gtbr11_full.pdf. Acedido em 30 de agosto de 2013.

141. Paramasivan CN, Venkataraman P: Drug resistance in tuberculosis in India. Indian J Med Res. 2004; 120: 377-86.

142. Chauhan LS: Drug resistant TB-RNTCP response (P.K. Sen-TAI Gold Medal oration delivered at the 62nd National Conference on Tuberculosis & Chest Diseases held in New Delhi from 14th to 16th December, 2007). Indian J Tuberc. 2008; 55(1): 5-8.

143. Goyal R, Kumar A. A Comparison of Ziehl-Neelsen staining and fluorescent microscopy for diagnosis of pulmonary tuberculosis (Comparação da coloração de Ziehl-Neelsen e da microscopia fluorescente para o diagnóstico da tuberculose pulmonar). IOSR-JDMS. 2013; 8 (5): 5-8.

144. Desai K, Malek S, Mehtaliya C. Estudo comparativo da coloração Z-N versus coloração com fluorocromo na tuberculose pulmonar e extra-pulmonar. GMJ. 2009; 64(2): 32-4.

145. Naveen G, Peerapur BV. Comparação entre o meio Lowenstein-Jensen, o meio Middlebrook 7H10 e o MB/BacT para o isolamento de *Mycobacterium tuberculosis* (MTB) de amostras clínicas. JCDR. 2012; 6(10): 1704-9.

146. Malhotra B, Pathak S, Vyas L, Katoch VM, Srivastava K, Chauhan DS *et al.* Drug susceptibility profiles of *mycobacterium tuberculosis* isolates at Jaipur. Indian J Med Microbiol. 2002; 20:76-8.

147. Damle AS, Kaundinya DV. Comparação de três métodos de descontaminação da expetoração para cultura de micobactérias. Indian J Tuberc. 1986; 3: 125-8.

148. Aparna S, Krishna Moorthy KV, Gokhale S. Do centro de microscopia ao laboratório de culturas: uma viagem viável para as micobactérias. Int J Tuberc Lung Dis. 2006; 10(4): 447-9.

149. Bhargava A, Jain A, Agrawal SK. Uma comparação de meios de cultura líquidos e sólidos com sistema radiométrico para a deteção de micobactérias em amostras clínicas. Ind J Tub. 2007; 48: 9-12.

150. Martin T, Cheke D, Natyshak I. Cultura em caldo: a "cobaia" moderna para o isolamento de

micobactérias. Tubercle 1989; 70(1): 53-6.

151. Gupta A, Sen MR, Mohapatra TM, Anupurba S. Evaluation of the performance of nitrate reductase assay for rapid drug-susceptibility testing of *mycobacterium tuberculosis* in north India [Avaliação do desempenho do ensaio da redutase do nitrato para o teste rápido de suscetibilidade aos medicamentos de *mycobacterium tuberculosis* no norte da Índia]. J Health Popul Nutr. 2011; 29(1): 20-5.

152. Mahadev B, Srikantaramu N, James P, Mathew PG, Bhagirathi R. Comparação entre o método colorimétrico rápido de isolamento de micobactérias e o método de teste de suscetibilidade e o método convencional utilizando o meio LJ. Ind J Tub. 2001; 48: 129-34.

153. Lee JJ, Suo J, Lin CB, Wang JD, Lin TY, Tsai YC. Avaliação comparativa do sistema BACTEC MGIT 960 com meio sólido para isolamento de micobactérias. Int J Tuberc Lung Dis. 2003; 7(6):569-74.

154. **Sethi S, Mewara** A, **Dhatwalia SK, Singh** H, **Yadav R, Singh K.** Prevalência de multirresistência em isolados de *Mycobacterium tuberculosis* de doentes seropositivos e seronegativos para o VIH com tuberculose pulmonar no norte da Índia. BMC Infect Dis. 2013; 15(13): 137. doi: 10.1186/1471-2334-13-137.

155. Maurya AK, Singh AK, Kumar M, Umrao J, Kant S, Nag VL *et al.* Alteração dos padrões e tendências da tuberculose multirresistente num centro de referência no Norte da Índia: Uma experiência de 4 anos. Indian J Med Microbiol. 2013; 31(1): 40-6.

156. Gupta A, Anupurba S. Diret drug susceptibility testing of Mycobacterium tuberculosis against primary anti-TB drugs in northern India. J Infect Dev Ctries. 2010; 4(11): 695-703.

157. Shamsundar BV, Anuradha V. Comparação da positividade da prova tuberculínica na tuberculose pulmonar com doentes seropositivos e seronegativos para o VIH. JEMDS. 2013;2(19): 3190-7

158. Rao KS, Kumar HA, Rudresh BM. Srinivas T, Bhat KH. Estudo comparativo e avaliação da atividade da adenosina deaminase sérica no diagnóstico da tuberculose pulmonar. Biomedical Research. 2010; (2): 189-94.

159. Kolappan C, Gopi PG. Tabagismo e tuberculose pulmonar. Thorax. 2002; 57:964-6.

APÊNDICES

ANEXO I

PROFORMA

Número de série

Nome:..

Idade :..

Género: :...

Ocupação: : ....

Endereço: : ....

OPD/IPD NO: : ....

Data de recolha: : ....

História de contacto com SIM NÃO

Paciente T.B. ativo: ....

História familiar ....

Fumar ....

História anterior de TB ....

SINTOMAS	SIM	NÃO
Febre		
Suores noturnos		
Perda de peso		
Perda de apetite		
Tosse		
Tosse crónica		
Tosse produtiva		
Tosse com sangue		
Fadiga		

Dor no peito ______ __________

Falta de ar ____________________

SINAIS

Impulso (/min)

Pressão arterial (mmHg)

Temperatura (F)

Baqueteamento (dedo)

Cianose

Palidez

Qualquer outra constatação significativa

INVESTIGAÇÕES

Amostra de esputo

Cor da expetoração

Quantidade

Viscosidade

Hora da recolha da amostra

ANEXO II

DIGESTÃO, DESCONTAMINAÇÃO E CONCENTRAÇÃO PELO PROCESSO NAOH-NALC

Este é o procedimento padrão recomendado pelo CDC. Neste procedimento, a concentração inicial de NaOH era de 4%. Esta solução de NaOH a 4% foi misturada com uma quantidade igual de solução de citrato de sódio (2,9%) para obter uma solução de trabalho (a concentração de NaOH nesta solução é de 2%). Quando uma quantidade igual de NaOH-NALC-citrato e a amostra foram misturadas, a concentração final de NaOH na amostra foi de 1%. Em seguida, a amostra foi transferida para um tubo de centrifugação de 50 ml com uma tampa de rosca.

Procedimento

- Adicionou-se a solução de NaOH-NALC-citrato de sódio num volume igual à quantidade de amostra. As tampas foram apertadas e agitou-se ligeiramente no vórtex durante cerca de 15-30 segundos.

- O tubo foi invertido de modo a que todo o tubo ficasse exposto à solução de NaOH-NALC.
- Após 15-20 minutos (até um máximo de 25 minutos), adicionou-se a solução de NaOH-NALC. A solução foi levemente agitada em vórtex a cada 5-10 minutos.
- A amostra foi completamente liquefeita; se ainda estava mucoide, adicionou-se uma pequena quantidade de pó de NALC (30-35 gms) diretamente ao tubo da amostra e misturou-se bem.
- Adicionou-se tampão fosfato (pH6,8) até ao anel superior do tubo de centrifugação (o tubo de plástico tem um anel para a marca de 50 ml) e misturou-se bem (ligeiramente agitado em vórtex ou invertido várias vezes).
- A amostra foi centrifugada a uma velocidade de 3000 rpm durante 15-20 minutos.
- Após a centrifugação, os tubos foram deixados em repouso durante 5 minutos para permitir que os aerossóis assentassem e, em seguida, o sobrenadante foi decantado para um recipiente adequado contendo um desinfetante micobactericida. Foi adicionada uma pequena quantidade (1-2 ml) de tampão fosfato (pH 6,8) e o sedimento foi ressuspendido com a ajuda de uma pipeta ou de um misturador vortex,
- Em seguida, o sedimento ressuspenso foi utilizado para a inoculação do meio LJ.

REAGENTES PARA A DESCONTAMINAÇÃO POR DIGESTÃO

- **PROCEDIMENTO DOS REAGENTES NAOH NALC**

A solução de NaOH a 4% foi preparada dissolvendo 4 g de NaOH em 100 ml de água destilada e esterilizada em autoclave. A solução de citrato de sódio a 2,9% foi preparada dissolvendo 2,9 g de citrato de sódio em 100 ml de água destilada e depois esterilizada em autoclave. Antes da utilização, ambos foram misturados numa quantidade igual de NaOH e de solução de citrato de sódio. Adicionou-se NALC em pó para obter uma concentração final de 0,5 % (para 100 ml de hidróxido de sódio e citrato de sódio, adicionou-se 0,5 g de NALC em pó). Misturam-se bem e utilizam-se no mesmo dia. A atividade do NALC perde-se se for deixada em repouso durante mais de 24 horas.

- **SOLUÇÃO DE HIDRÓXIDO DE SÓDIO**

A solução de NaOH a 4% foi preparada dissolvendo 4 g de NaOH em 100 ml de água destilada e foi esterilizada por autoclave. Esta solução foi utilizada para a descontaminação de culturas e espécimes contaminados (não mucóides).

- **Tampão de FOSFATO** (pH 6,8, 0,067M.)

9,47 g de hidrogenofosfato dissódico anidro (Na_2HPO_4) foram misturados em 1000 ml (1 litro) de água destilada, utilizando um balão volumétrico. 9,07 g de di-hidrogenofosfato de potássio mono (K_2HPO_4)

foram misturados em 1000 ml (1l) de água destilada, utilizando um balão volumétrico. Ambas as misturas foram misturadas em quantidades iguais. A esterilização foi efectuada por autoclavagem.

ANEXO III

CORANTES UTILIZADOS PARA A COLORAÇÃO AFB

- Fuschina de carbol forte 1%: é a coloração primária e consiste em 0,3 g de fuschina básica em 10 ml de etanol a 95% e fenol a 5%.
- Ácido sulfúrico (25%): - é o descolorante.
- Azul de metileno (0,1%): é a contra-coloração e dissolve-se 0,3 g de azul de metileno em 100 ml de água destilada.

MÉTODO DE COLORAÇÃO DE ZIEHL - NEELSEN

- As lâminas foram colocadas por ordem de série no suporte de coloração com os lados manchados virados para cima
- Deitar fucsina carbónica a 1% para cobrir toda a superfície da lâmina.
- As lâminas foram aquecidas com a fucsina carbónica sobre elas até começarem a subir vapores.
- Não se deixou ferver a fucsina de Carbol.
- As lâminas foram deixadas em repouso durante 5 minutos.
- As lâminas foram cuidadosamente lavadas com água da torneira para remover o excesso de coloração com fucsina carbónica.
- A descoloração da lâmina corada foi efectuada com ácido sulfúrico a 25% e deixou-se repousar durante 2 a 4 minutos.
- ácido sulfúrico a 25% e o excesso de corante foi lavado com água da torneira.
- A coloração de contraste foi efectuada com azul de metileno a 0,1% durante 30 segundos.
- A lâmina foi cuidadosamente lavada com água da torneira e deixada a secar ao ar.
- A lâmina foi examinada com uma ampliação de 100X e os resultados foram documentados de acordo com a classificação RNTCP

Classificação revista do RNTCP

S.n.	Número de AFB	Resultado	Classificação	Número de campos a

				examinar
1	>10 AFB /campo de imersão em óleo.	Positivo	3+	20
2	1-10 AFB /oil campo de imersão.	Positivo	2+	50
3	Campo de imersão em óleo 10-99 AFB/100.	Positivo	1+	100
4	1-9 AFB/100 campo de imersão em óleo	Escassa	Registar com exatidão	200
			número observado	
5	Nenhum AFB em 100 campos de imersão em óleo	Negativo		100

ANEXO IV

MEIOS UTILIZADOS NA CULTURA DE MICOBACTÉRIAS PARA O MÉTODO CONVENCIONAL DE PROPORÇÃO MEIOS LOWENSTEIN JENSEN

Foi preparado no nosso laboratório e a sua composição é a seguinte

Solução de sal mineral

- Di-hidrogenofosfato de potássio (anidro) 2,4 gms
- Sulfato de magnésio 0,24 gms
- Citrato de magnésio 0,06 gms
- Asparagina 3.6gms
- Glicerol 12 ml
- Água 600 ml
- Solução de verde de malaquite (2%) 2.0gms
- Ovos batidos (ovos de galinha) 20-22 em número

Solução de verde de malaquite 2%

Corante verde malaquita 2.0g

Água destilada 100ml

O corante foi completamente dissolvido em água destilada, filtrado e armazenado no frigorífico.

Homogeneização de ovos inteiros

- Foram selecionados ovos frescos de galinha do campo que não tinham mais de 7 dias.

- Os ovos frescos foram verificados quanto à existência de um espaço de ar mínimo para a sua viabilidade, o que foi efectuado por meio de velas.

- Os ovos foram limpos esfregando-os cuidadosamente com uma escova manual em água e sabão.

- Em seguida, foram mergulhados durante 30 minutos numa solução de sabão e enxaguados cuidadosamente em água corrente.

- Os ovos foram novamente imersos em etanol a 70% durante 15 minutos e depois colocados numa toalha limpa para secar.

- Antes de manusear os ovos limpos e secos, as mãos foram esfregadas e lavadas com um desinfetante.

- Os ovos foram partidos com o bordo do copo para um frasco esterilizado e batidos num misturador esterilizado durante 30 segundos a um minuto.

- O fluido dos ovos foi filtrado com uma gaze esterilizada e um funil.

Preparação do meio completo

Os seguintes ingredientes foram reunidos assepticamente num frasco grande e esterilizado e bem misturados

- Mediu-se um litro de líquido de ovos (ovos homogeneizados, 25-30 ovos consoante o tamanho) com uma proveta esterilizada e transferiu-se para um erlenmeyer de 5 litros.

- Transferiu-se para o líquido dos ovos uma solução esterilizada de sal mineral e verde de malaquite (600 ml).

- O meio de ovo completo foi distribuído em volumes de 6-8 ml em recipientes universais estéreis (McCartney Bottle) e as tampas foram bem fechadas e inspiradas sem demora para evitar a sedimentação dos ingredientes mais pesados. **Coagulação do meio**

• Introduziu-se água destilada no reservatório do inspirador através da abertura lateral até à marca.

• Antes do carregamento, o inspirador foi aquecido a 85°C para acelerar o aumento da temperatura.

• Os frascos foram colocados em posição inclinada no inspirador para coagular o meio durante 50 minutos a 85 °C (uma vez que o meio tinha sido preparado com precauções estéreis, este aquecimento destinava-se a solidificar o meio e não a esterilizá-lo).

• A qualidade dos meios de ovos deteriora-se quando a coagulação é efectuada a uma temperatura demasiado elevada ou durante demasiado tempo.

• A descoloração do meio coagulado pode dever-se a uma temperatura excessiva. O aparecimento de pequenos orifícios ou bolhas na superfície do meio também indica um processo de coagulação incorreto.

• Os frascos foram reinspirados a 85 OC -90 OC durante 30 minutos no dia consecutivo após armazenamento noturno à temperatura ambiente durante dois dias.

Controlo de esterilidade

• Após a inspiração, todo o lote de meios dos frascos de meios foi incubado a 35 °C -37 °C durante 24 horas para verificar a esterilidade bacteriana. Após 24 horas, 5% dos declives foram selecionados aleatoriamente e continuaram a ser incubados durante 14 dias para verificar a esterilidade fúngica.

Armazenamento

O suporte LJ foi datado e armazenado com o número de lote no

frigorífico e foi conservado até 4 semanas se as tampas estivessem bem fechadas para evitar a secagem do meio.

ANEXO V

PREPARAÇÃO DO CALDO MB7H9.

MEIO DE CULTURA: O meio de cultura 7H9-N (para nitrato) consiste em caldo MB7H9 suplementado com 0,1% de casitona, 0,5% de glicerol, 10% de ácido oleico-albumina-glicose-catalase e 2% de mistura de antibióticos PANTA (polimixina B, anfotericina B, ácido naladixico, trimetoprim, azlocilina) e 1000μg de NaNO3/ml (nitrato de sódio).[123] O caldo MB7H9 foi preparado da seguinte forma:

1. A base de caldo Middle Brook (2,35 gms) foi suspensa em 450 ml de água destilada.

2. Adicionou-se glicerol (2 ml), Bactocasitona (1 g) e nitrato de potássio (1 mg)

3. Em seguida, foi esterilizada por autoclavagem a 15 libras de pressão (121°C) durante 10 minutos.

4. Em seguida, arrefeceu-se a 45C e adicionaram-se assepticamente 50 ml de enriquecimento de OADC, seguidos de 2 g de mistura antimicrobiana PANTA

5. Em seguida, misturou-se bem e verificou-se a esterilidade deixando-a durante uma noite na incubadora a 37ºC

6. O meio foi então armazenado num frigorífico a 4-8C e depois vertido em tubos com tampa de rosca (4,6 ml em cada tubo)

CONSTITUINTES DO BBL MGIT PANTA- Contém uma mistura liofilizada dos seguintes componentes

agentes antimicrobianos:-

Polimixina B	6000 µg
Anfotericina B	600 µg
Ácido nalidíxico	2400 µg
Trimetoprim	600 µg
Azlocilina	600 µg

PREPARAÇÃO DO REAGENTE DE GRIESS

1. O ácido clorídrico (HCl) concentrado a 50% foi preparado adicionando 50 ml de HCl em 50 ml de água destilada. Verter lentamente o ácido no balão que contém a água destilada.

2. Adicionou-se água destilada (70 ml) a 30 ml de ácido acético.

3. A 50 ml desta solução foram adicionados 0,4 g de sulfanilamida, que constituiu a solução de trabalho (a), e ao resto da solução de trabalho foram adicionados 0,25 g de alfa-naftilamina, que constituiu a solução de trabalho (b)

4. As soluções de trabalho (a) e (b) foram então vertidas em frascos separados e cobertas com papel químico para minimizar a oxidação do reagente.

O reagente consistia em 1 parte de HCl concentrado a 50% (vol/vol); 2 partes de sulfanilamida a 0,2% (wt/vol) e 2 partes de cloridrato de n-1-naftiletilenodiamina a 0,1% (wt/vol). Os produtos foram misturados pouco antes da utilização.

MIX
Papier aus verantwortungsvollen Quellen
Paper from responsible sources
FSC® C105338

Printed by Books on Demand GmbH, Norderstedt / Germany

Rumana Farooq Mir
Varsha A. Singh
Shinu Pottathil

Ensaio de nitrato redutase - Para deteção de tuberculose MDR